软件设计的哲学（第2版）

[美]约翰·奥斯特豪特（John Ousterhout） 著

茹炳晟 王海鹏 译

人民邮电出版社

北京

图书在版编目（CIP）数据

软件设计的哲学：第 2 版 /（美）约翰·奥斯特豪特
(John Ousterhout) 著；茹炳晟，王海鹏译. -- 北京：
人民邮电出版社，2024. -- ISBN 978-7-115-65561-5

Ⅰ. TP311.1

中国国家版本馆 CIP 数据核字第 202468PJ10 号

◆　　著　　[美] 约翰·奥斯特豪特（John Ousterhout）
　　　　译　　茹炳晟　王海鹏
　　责任编辑　陈冀康
　　责任印制　王　郁　焦志炜

◆ 人民邮电出版社出版发行　　北京市丰台区成寿寺路 11 号
　　邮编　100164　电子邮件　315@ptpress.com.cn
　　网址　https://www.ptpress.com.cn
　　涿州市殷润文化传播有限公司印刷

◆ 开本：880×1230　1/32
　　印张：7.625　　　　　　　2024 年 11 月第 1 版
　　字数：165 千字　　　　　　2025 年 4 月河北第 4 次印刷
　　著作权合同登记号　图字：01-2024-2961 号

定价：69.80 元

读者服务热线：**(010)81055410**　印装质量热线：**(010)81055316**
反盗版热线：**(010)81055315**

内容提要

本书深入探讨了软件设计中的核心问题：如何将复杂的软件系统分解为可以相对独立实现的模块（例如类和方法），从而降低其复杂性并提高开发效率。本书首先介绍了软件设计中的基本问题，即复杂性的本质。其次，讨论了有关如何处理软件设计过程的"哲学"问题，如通用设计的重要性、与《代码整洁之道》中设计哲学的对比，以及如何将重要的东西和不重要的东西区分开等内容。最后，总结了在软件设计过程中应遵循的一系列设计原则，以及一系列识别设计问题的警示信号。

本书适合软件工程师、计算机科学专业的学生、教育者、对软件设计和开发感兴趣的自学者和技术管理者阅读。通过应用本书中的思想，读者可以最大限度地降低大型软件系统的复杂性，从而更快地以更低的成本编写软件，并构建更易于维护和增强的系统。

推荐语

John Ousterhout 教授以其敏锐的洞察力，深入剖析了软件设计中的深层逻辑与哲学内涵。本书不仅关注代码的简洁与架构的优雅，还涉及设计原则与实践策略，每一处见解都闪烁着智慧的光芒。本书不仅是技术指导手册，更是一部提升软件设计思维的作品，激励读者重新思考软件设计的本质。无论你是编程新手还是资深工程师，阅读本书都将使你在软件设计的旅途中获得启发，领略软件设计的真谛。

——卢山　腾讯技术工程事业群总裁

无论你是软件工程师还是对软件设计和开发感兴趣的自学者，本书都极具阅读价值。软件作为数字化转型的核心要素，既要兼容过去，又要面向未来。我们总是需要在软件不断增加的功能、开发效率和维护成本之间寻求最佳平衡点。由于我们都不能预知未来，因此当下的最优未必是将来的最优。书中的观点和案例将助力读者确立以战略性编程思维降低软件复杂性的设计原则。

——宋继强　英特尔中国研究院院长

在这个技术迅猛发展的时代，本书为我们提供了一个深入思考的契机。作为软件设计领域的权威著作，本书不仅深入探讨了设计的技术细节，还揭示了背后的哲学思想。它引导我们在复杂的业务需求与设计的优雅之间寻求平衡，并从哲学的角度理解软件设计中的决策与权衡。这是一本值得反复品读的佳作，它将引领我们在软件设计的旅途中不断追求卓越与优雅。

——谢涛 北京大学讲席教授，欧洲科学院外籍院士

软件设计应该是人类所从事的所有工程设计领域中最为复杂的一项活动，其第一性原理即是"最小化复杂性"。本书从剖析和降低软件复杂性的根源入手，精心提炼并总结了软件设计领域几十年来积累的宝贵原则、方法和实践经验。值得一提的是，在大模型快速推动软件开发革新的今天，这些哲学性的思考和实践指导对于人工智能如何应对软件设计的复杂性，仍然具有深远的意义。

——李建忠 CSDN 高级副总裁

《重构：改善既有代码的设计》通过大量实例展示了代码微观设计的优化方法，而本书则从更为抽象的角度探讨了优秀与拙劣设计背后的根本差异。软件工程师若能深入学习本书，并思考如何用实例来支持或辩驳书中的观点，将会获得一次极具价值的思维锻炼。

——邹欣 《编程之美》和《构建之法》的作者

译者序

2016 年，我在美国参加了一个 Google 内部的软件工程会议，会上 Google 的技术副总裁展示了一页令人难忘的 PPT。这页 PPT 展示了一个具有戏剧性的对比：外人眼中的 Google 是高科技的象征，而 Google 人眼中的 Google 却如同老牛拉车般步履蹒跚。这种对比一方面反映了 Google 的谦逊，另一方面也揭示了 Google 对于软件研发本质的深刻认知。

你可能很难想象，在软件行业如此发达的今天，软件研发本质上仍然属于"手工业"。尽管如今已经进入了群体协作的时代，大模型也带来了提升软件研发效能的潜在可能，但软件研发在很大程度上依然依赖个人的能力。当软件规模小的时候，手工业的方式尚可行，但随着规模的扩大，软件的复杂性也随之呈指数级上升。正如一个 90 cm 高的孩子体重约 15 kg，而长到 180 cm 时体重可能达到 75 kg，身高是原来的 2 倍，而体重却是原来的 5 倍。

软件的复杂性主要可以分为两个层面：软件系统层面的复杂性和软件研发流程层面的复杂性。

在软件系统层面，对于大型软件来讲，"when things work, nobody knows why"（当事情顺利进行时，没有人知道这是为什么）俨然已是常态。随着时间的推移，现在已经没有任何一个人能搞清楚系统到底是如何工作的，将来更不会有。

在软件研发流程层面，一个简单的改动，哪怕只涉及一行代码，也需要经历完整的流程，牵涉多个团队、多个工具体系的相互协作。可以说，对于大型软件来讲，复杂才是常态，不复杂反而不正常。

更糟糕的是，软件系统很难一开始就做出完美的设计，只有通过一个个功能模块衍生迭代，系统才会逐步成形，然后随着需求变多，再逐渐演进迭代。所以软件本质上是一点点"生长"出来的，其间伴随着复杂性的不断累积和增长。

对！你没有听错，软件是"生长"出来的，而不是设计出来的。

无论现在看起来多么复杂的软件系统，都要从第一行代码开始开发，都要从几个核心模块开始开发。这时架构只能是一个少量程序员可以维护的简单组成。你可能要问，那软件架构师是干什么的？他难道不是软件的设计者吗？软件架构师只能搭建一个"骨架"，至于最终的软件会长成什么样子，其实软件架构师一开始也很难知道。

软件架构和建筑架构有着巨大的差异。建筑图纸设计好，就可以估算出需要多少材料、需要多少人力，工期和进度基本就能确定了，而且设计变更往往发生在设计图纸阶段，也就是说，建筑架构的设计和生产活动是可以分开的；而软件的特殊性在于，"设计活动"与"制造活动"彼此交融，你中有我，我中有你，无法分开，软件架构只能在其实现过程中不断迭代，复杂性也在不断累积。

另外，建筑架构师不会轻易给一个盖好的高楼挖个地下室，但是软件架构师却经常干这样的事，并且总会有人对你说："这个需求很简单，往地下多挖几米就行了。"这确实不复杂，但我们面临的真实场景往往是：没人敢保证挖了地下室之后原来的楼梯不会发生开裂甚至倒塌。

面对复杂性失控的挑战，软件研发组织必须采取合理的策略去控制软件的复杂性。注意，我这里讲的是控制，而不是降低。我们能做的只是延缓复杂性的聚集速度，但是无法完全杜绝复杂性的增长。

复杂性失控的原因有很多。最常见的错误方式是采用 Deadline Driven Development，即用 deadline（最后期限）来倒逼研发团队交付业务功能。这种做法虽然可以在短期内取得进展，但往往会牺牲软件的长期质量，导致大量随机复杂性的累积。长期来看，这种急功近利的做法会显著降低开发速度和质量。另一个常见的错误方式是试图通过招聘或借调更多的人来解决软件项目的进度问题。随着项目参与的人越来越多，分工越来越细，人和人之间需要的沟通量也会呈指数级增长。过了一个临界点，人越多反而会越添乱，沟通花费的时间渐渐超过了分工协作节省下来的时间。

软件复杂性的治理需要从多个方面入手。首先，必须重视软件架构的设计和演进。虽然软件架构师无法预见软件最终的形态，但他们可以通过合理的架构设计、持续的架构评审和相应的代码评审，控制复杂性的增长。其次，要建立健全研发流程和工具体系，确保团队高效协作，降低不必要的沟通成本和协同复杂性。

长期来看，控制软件复杂性还需要在团队文化和技术管理上做出持续的努力。首先，必须建立良好的技术文化，鼓励团队成员关注代码质量，避免短视带来的技术债务。其次，要在技术管理上采取合理的策略，如定期进行代码重构、技术债务清理和架构优化，确保系统的健康发展。

John Ousterhout（约翰·奥斯特豪特）教授所著的《软件设计的哲学》正是一本深入浅出地探讨这些复杂性和挑战的书。本书深入剖析了软件设计过程中面临的各种问题，并提供了应对这些问题的思路和方法。这不仅是一本关于技术的书，更是一部关于软件设计思维方式和方法论的经典著作。通过阅读本书，读者可以更好地理解软件复杂性的来源和影响，掌握有效的复杂性治理策略和非常具体的实践方法，从而在软件研发的道路上走得更远、更稳、更有信心。

选择翻译本书，源于我对软件设计领域的浓厚兴趣和对 John Ousterhout 教授思想的高度认同。在阅读原书的过程中，我深感其内容的丰富和思想的深刻，迫切希望能够将这些宝贵的知识分享给更多的中文读者。Ousterhout 教授在书中创新性地提出了战术性编程（tactical programming）和战略性编程（strategic programming）的理念，这两个理念帮助开发者理解和区分在编写代码时基于短期主义思考和长期主义思考的决策和影响。Ousterhout 教授强调，优秀的软件设计者需要在战术性编程和战略性编程之间找到平衡。另外，Ousterhout 教授对于代码注释也提出了非常犀利且实用的见解和观点，相信对于软件设计者会有很多启发。

感谢合译者王海鹏，他对软件设计的深刻理解及扎实的语言文字功底使本书的翻译质量得到了充分保障。在翻译过程中，我和王海鹏始终秉持忠实于原著、力求准确传达作者意图的原则。为了确保翻译的质量，我们不仅对原书进行了多次细致的研读，还参考了大量相关的技术文献和资料。同时，我们也与一些软件设计领域的专家进行了深入的交流，以确保译文的专业性和准确性。

　　最后，希望本书能为读者提供有价值的见解和启示，在长期主义的指导下，帮助大家在面对软件复杂性的挑战时，找到合适的解决方案，实现高效、高质量、稳定的软件开发。

茹炳晟

2024 年 8 月 21 日

前　言

80 多年来，人们一直在为电子计算机编写程序，但令人惊讶的是，关于如何设计这些程序或好程序应该是什么样子的讨论却很少。关于敏捷开发等软件开发过程，以及调试器、版本控制系统和测试覆盖工具等开发工具的讨论相当多。人们对面向对象编程和函数式编程等编程技术，以及设计模式和算法也进行了广泛的分析。所有这些讨论都很有价值，但软件设计的核心问题在很大程度上仍未被触及。David Parnas（戴维·帕纳斯）的经典论文 "On the Criteria to be used in Decomposing Systems into Modules"（《论将系统分解为模块时使用的标准》）发表于 1971 年，但在随后的 45 年中，软件设计领域的技术水平并没有比这篇论文取得更大的进步。

计算机科学中最基本的问题是问题分解（problem decomposition）：如何将一个复杂的问题分割成可以独立解决的部分。问题分解是程序员每天都要面对的核心设计任务，然而，除了本书所描述的内容，我无法在任何一所大学里找到一门以问题分解为核心主题的课程。我们教授循环和面向对象编程，但不教软件设计。

此外，不同程序员之间在质量和工作效率方面存在巨大差异，但我们却很少尝试去了解是什么让最优秀的程序员如此出色，也很少在课堂上教授这些技能。我曾与几名我认为很优秀的程序员交谈过，但他们中的大多数都很难说出使他们具有优势的具体技巧。很多人认为，软件设计技能是与生俱来的天赋，是无法传授的。然而，有相当多的科学证据表明，在许多领域，出色的表现更多地与高质量的实践有关，而非与生俱来的能力［例如，请参阅 Geoff Colvin（杰夫·科尔文）所著的 *Talent is Overrated*（《哪来的天才？》）一书］。

多年来，这些问题一直令我困惑和沮丧。我曾想过软件设计是否可以教授，也曾假设设计技能是区分优秀程序员和普通程序员的关键。我最终决定，回答这些问题的唯一方法就是尝试教授一门软件设计课程。这就是斯坦福大学的 CS 190 课程。在这门课上，我提出了一套软件设计原则。然后，学生们通过一系列项目来吸收和实践这些原则。这门课的教学方式类似于传统的英语写作课。在英语课上，学生采用迭代过程，写出草稿，获得反馈，然后重写以进行改进。在 CS 190 课程中，学生从零开始开发一个大型软件。随后，我们会进行大量的代码评审，找出设计问题，学生们会修改他们的项目以解决问题。这可以让学生看到如何通过应用设计原则来改进他们的代码。

我已经多次讲授软件设计课，本书就是基于这门课上提出的设计原则编写的。这些原则相当高深，近乎哲学（"定义错误不存在"），因此学生很难抽象地理解这些思想。学生最好的学习方式是编写代码、犯错误，然后看看他们的错误和随后的修正与这些原则有什么联系。

看到这里，读者可能会想：你凭什么认为你知道软件设计的所有答案？老实说，我不知道。在我学习编程时，并没有软件设计方面的课程，也没有导师教我设计原则。在我学习编程时，代码评审几乎不存在。我对软件设计的想法来自编写和阅读代码的亲身经历。在我的职业生涯中，我用各种语言编写了大约 25 万行代码。我所在的团队从零开始创建了 3 个操作系统、多个文件和存储系统、基础工具（如调试器、构建系统和图形用户界面工具包）、脚本语言，以及文本、绘图、演示和集成电路的交互式编辑器。一路走来，我亲身经历了大型软件系统的各种问题，并尝试了各种设计技术。此外，我还阅读了大量其他人编写的代码，这让我接触了各种好的和坏的方法。

　　从所有这些经验中，我试图总结出一些共同点，既要避免错误，又要使用技巧。本书反映了我的经验：书中描述的每一个问题都是我亲身经历过的，建议的每一种技巧都是我在自己的编码工作中成功使用过的。

　　我并不指望这本书能成为软件设计方面的定论；我确信我遗漏了一些有价值的技术，而且从长远来看，我的一些建议可能会变成馊主意。不过，我希望本书能开启一场关于软件设计的对话。请将本书中的观点与你自己的经验进行比较，然后自己判断这里描述的方法是否真的能降低软件的复杂性。本书给出了一些观点，可能有些读者会不同意我的某些建议。如果你确实不同意，请试着明确不认同的原因。我很有兴趣了解对你有用的方法、没用的方法和你对软件设计的其他想法。我希望接下来的对话能增进我们对软件设计的共同理解。我将把我学到的东西融入本书的未来版本中。

　　与我就本书进行交流的最佳方式是向以下地址发送电子邮件：

software-design-book@googlegroups.com

　　我希望听到有关本书的具体反馈意见，如缺陷或改进建议，以及与软件设计相关的一般想法和经验。我尤其希望能得到一些有说服力的例子，以便在本书的未来版本中使用。最好的例子能说明一个重要的设计原则，而且简单到只用一两个段落就能解释清楚。如果你想了解其他人的发言并参与讨论，可以加入 Google 群组 software-design-book。

如果将来由于某种原因，这个 software-design-book Google 群组无法使用，请在网上搜索我的主页，上面会有相关的最新说明。请不要将与本书有关的电子邮件发送到我的个人邮箱。

建议读者谨慎对待本书中的建议。本书的总体目标是降低复杂性，这比你在这里读到的任何特定原则或想法都重要。如果你尝试了本书中的某个想法，却发现它实际上并没有降低复杂性，那么不要觉得自己有义务继续使用它（但是，一定要让我知道你的经验；我希望得到关于哪些方法有效、哪些方法无效的反馈）。

许多人提出了批评或建议，从而提高了本书的质量。以下人员对本书的不同草稿提出了有益的意见：Abutalib Aghayev、Jeff Dean、Will Duquette、Sanjay Ghemawat、John Hartman、Brian Kernighan、James Koppel、Amy Ousterhout、Kay Ousterhout、Rob Pike、Partha Ranganathan、Daniel Rey、Keith Schwartz 和 Alex Snaps。Christos Kozyrakis 建议用"深"（deep）和"浅"（shallow）来形容类和接口，以取代之前的"厚"（thick）和"薄"（thin），因为后者有些含糊不清。我非常感谢 CS 190 课程的学生们，阅读他们的代码并与他们讨论的过程，让我对设计有了更清晰的认识。

目　　录

第 1 章　导言

（一切皆因复杂性）

综观人类历史，编写计算机软件称得上是极为纯粹的创造性活动。程序员不受物理定律等实际限制的约束；我们可以创造出令人兴奋的虚拟世界，这种行为方式在现实世界中根本不可能存在。编程不需要像跳芭蕾舞或打篮球那样必须具有高超的身体技能或协调能力。编程需要的只是创造性的头脑和组织思维的能力。如果你能构想出一个系统，就有可能在计算机程序中实现它。

这意味着，编写软件的最大限制在于我们对所创建系统的理解能力。随着程序的演进和特征的增加，程序会变得越来越复杂，各组成部分之间会产生微妙的依赖关系。随着时间的推移，复杂性不断累积，程序员在修改系统时越来越难将所有相关因素牢记于心。这就会减慢开发速度，导致错误的出现，从而进一步减慢开发速度，增加开发成本。在任何程序的生命周期中，复杂性都会不可避免地增加。程序规模越大，参与工作的人员越多，管理复杂性就越困难。

好的开发工具可以帮助我们应对复杂性。在过去的几十年里，已经有许多优秀的工具问世。但是，工具的力量是有限的。如果我们想让编写软件变得更容易，从而以更低的成本构建更强大的系统，就必须想办法让软件本身变得更简单。尽管我们尽了最大努力，复杂性仍会随着时间的推移而增加，但更简单的设计可以让我们构建出更大、更强的系统，同时不会让复杂性变得难以承受。

降低复杂性的方法一般有两种，本书将对这两种方法进行讨论。第一种方法是通过使代码更简单、更显而易见来降低复杂性。例如，可以通过消除特例或以一致的方式使用标识符来降低复杂性。

降低复杂性的第二种方法是将复杂性封装起来，这样程序员在处理系统时就不会同时接触系统的所有复杂性。这种方法叫作模块化设计（modular design）。在模块化设计中，软件系统被划分为多个模块（module），如面向对象语言中的类。模块之间相对独立，因此程序员在处理一个模块时，无须了解其他模块的细节。

由于软件具有很强的可塑性，软件设计是一个跨越软件系统整个生命周期的连续过程；这使得软件设计不同于建筑、船舶或桥梁等物理系统的设计。然而，人们并不总是这样看待软件设计。在编程的早期，设计通常集中在项目的开始阶段，其他工程学科也是如此。这种方法的极端形式叫作瀑布模型（waterfall model），即把项目划分为需求定义、设计、编码、测试和维护等不同阶段。在瀑布模型中，每个阶段完成后才开始下一阶段；在许多情况下，每个阶段由不同的人负责。整个系统是在设计阶段一次性设计完成的。设计在这一阶段结束时被冻结，后续阶段的作用是充实和实现这一设计。

遗憾的是，瀑布模型不太适用于软件。软件系统在本质上比物理系统更加复杂；在构建任何东西之前，我们不可能将大型软件系统的设计可视化到足以理解其所有隐藏含义的程度。因此，最初的设计会有很多问题。这些问题只有在实现过程中才会显现出来。然而，瀑布模型的结构并不适合在此时进行重大的设计变更（例如，设计人员可能已转到其他项目）。因此，开发者试图在不改变整体设计的情况下对问题进行修补，这就导致了复杂性的爆炸性增长。

由于这些问题，如今大多数软件开发项目都采用敏捷开发（agile development）等增量式方法，即最初的设计侧重于整体功能的一小部分。对这个功能子集进行设计、实现，然后进行评估。发现并纠正最初设计中的问题，然后再设计、实现和评估更多的特性。每次迭代都会暴露出现有设计中的问题，在设计下一组特性之前，这些问题都会得到解决。通过这种分散设计的方式，可以在系统还很小的时候就解决初始设计中的问题；后面的特性可以从前面特性的实现过程中获得经验，从而减少问题。

增量式方法适用于软件，因为软件具有足够的可塑性，允许在实现过程中对设计进行重大变更。相比之下，对物理系统进行重大设计变更的难度要大得多。例如，在施工过程中改变支撑桥梁的塔楼数量是不现实的。

增量式开发意味着软件设计永远不会完成。设计会在系统的整个生命周期中持续进行——开发者应始终考虑设计问题。增量式开发还意味着不断重新设计。系统或组件的最初设计几乎永远不会是最好的；经验不可避免地会告诉我们更好的方法。作为一名软件开发者，你应该时刻关注改进系统设计的机会，并计划将部分时间用于改进设计。

如果软件开发者应该始终思考设计问题，而降低复杂性是软件设计的最重要因素，那么软件开发者就应该始终思考复杂性问题。本书讲述了如何在软件的整个生命周期中利用复杂性来指导软件设计。

本书有两个总体目标。第一个是描述软件复杂性的本质，即"复杂性"是什么意思、为什么重要，以及如何识别程序是否存在不必要的复杂性。本书的第二个目标（也是更具挑战性的目标）是介绍在软件开发过程中可以将复杂性最小化的技术。遗憾的是，并不存在一个简单的秘方能够保证设计出优秀的软件。作为替代，我将介绍一系列更高层次的哲学思想，如"类应该深"或"定义错误不存在"。这些思想可能无法立即确定什么是最佳设计，但你可以使用它们来比较各种设计方案，并指导你探索设计空间。

1.1 如何使用本书

本书描述的许多设计原则都有些抽象，因此如果不查看实际代码，可能很难理解。要找到小巧的例子纳入本书的篇幅，同时又足以用实际系统来说明导论中的问题，这是一个挑战（如果你发现好的例子，请发给我）。因此，要掌握这些原理的应用，光看本书可能还不够。

使用本书的最佳方法是结合代码评审。当你阅读别人的代码时，想想它是否符合本书讨论的思想，以及这与代码的复杂性有什么关系。看别人的代码比看自己的代码更容易发现设计问题。你可以使用本书描述的警示信号来识别问题并提出改进建议。评审代码还能让你接触到新的设计方法和编程技巧。

提高设计技能的方法之一是学会识别"警示信号"：这些信号表明一段代码可能没必要那么复杂。在本书中，我将指出一些警示信号，揭示与每个主要设计问题相关的问题；最重要的警示信号总结在本书末尾。然后，你可以在编码时使用这些提示：当你看到警示信号时，停下来，寻找一个可以消除问题的替代设计。刚开始采用这种方法时，你可能需要尝试多种设计方案，才能找到一种能消除警示信号的方案。不要轻易放弃：在解决问题之前尝试的替代方案越多，你学到的东西就越多。随着时间的推移，你会发现代码中的警示信号越来越少，设计也越来越简洁。你的经验也会让你看到其他警示信号，你可以利用这些警示信号来识别设计问题（我很乐意听取你的意见）。

在运用本书的观点时，一定要适度和谨慎。每条规则都有例外，每条原则都有限制。如果你将任何设计理念发挥到极致，很可能会落得一个糟糕的下场。优美的设计反映了相互竞争的想法和方法之间的平衡。本书有多个小节的标题是"过犹不及"，其中介绍了如何识别好东西是否过犹不及。

本书中几乎所有的示例都是用 Java 或 C++ 编写的，而且大部分讨论都是在面向对象语言中设计类。不过，这些观点也适用于其他领域。几乎所有与方法相关的思想也可以应用于没有面向对象特征的语言（如 C 语言）中的函数。这些设计思想也适用于类以外的模块，如子系统或网络服务。

有了这些背景知识，我们就可以详细讨论导致复杂性的原因，以及如何让软件系统变得更简单。

第 2 章　复杂性的本质

本书介绍如何设计软件系统，并最大限度地降低其复杂性。第一步是了解"敌人"。究竟什么是复杂性？如何判断一个系统是否过于复杂？什么导致系统变得复杂？本章将从高层次来探讨这些问题；随后的各章将告诉你如何从较低的层次（即从具体的结构特征）来识别复杂性。

识别复杂性的能力是一项重要的设计技能。它能让你在投入大量精力之前发现问题，并在各种备选方案中做出正确的选择。判断一个设计是否简单比创造一个简单的设计更容易，但如果你能意识到一个系统过于复杂，就可以利用这种能力来引导你的设计理念走向简单。如果一个设计看起来很复杂，那就换一种方法，看看是否更简单。随着时间的推移，你会发现某些技术往往会带来更简单的设计，而另一些技术则与复杂性紧密相关。这样你就能更快地做出更简单的设计。

本章还提出了一些基本假设，为本书的其他内容奠定了基础。后面的各章将以本章的内容为基础，并用它来证明各种改进和结论的合理性。

2.1　复杂性的定义

在本书中，我将以实用的方式来定义"复杂性"。复杂性是指与软件系统结构有关的、使人难以理解和修改系统的所有因素。复杂性可以有多种形式。例如，可能很难理解一段代码是如何工作的；可能需要花费大量精力才能实现一个小小的改进，或者可能不清楚必须修改系统的哪些部分才能实现改进；可能很难在修复一个错误的同时不引入另一个错误。如果一个软件系统难以理解和修改，那么它就是复杂的；如果它容易理解和修改，那么它就是简单的。

你还可以从成本和收益的角度来考虑复杂性。在复杂的系统中，即使是很小的改进也需要耗费大量的人力物力。而在简单的系统中，只需花费较少的精力就能实现较大的改进。

复杂性是开发者在试图实现特定目标时，在特定时间点所经历的事情。它不一定与系统的整体规模或功能有关。人们经常用"复杂"这个词来形容具有复杂特征的大型系统，但如果在这样的系统上工作很容易，那么从本书的角度来看，该系统就不复杂。当然，实际上几乎在所有的大型成熟软件系统上工作都很难，因此它们也符合我对复杂性的定义，但情况并不一定总是如此。小而不成熟的系统也有可能相当复杂。

复杂性由最常见的活动决定。如果一个系统有几个部分非常复杂，但这些部分几乎从不需要接触，那么它们对系统的整体复杂性就不会有太大影响。可以用一种粗略的数学方法来描述这一点：

$$C = \sum_p c_p t_p$$

系统的总体复杂度（C）由每个部分 p 的复杂度（c_p）乘以开发者花在该部分上的时间比例（t_p）作为权重来决定。将复杂性隔离在一个永远不会看到的地方，几乎与完全消除复杂性一样有效。

相比写代码的人，复杂性对读代码的人来说更明显。如果你写的一段代码在你看来很简单，但其他人却认为它很复杂，那么它就是复杂的。当你发现自己遇到这种情况时，不妨询问其他开发者，为什么代码在他们看来很复杂；从你和他们的观点差异中，或许可以学到一些有趣的经验。作为开发者，你的工作不仅是创建自己可以轻松使用的代码，还要创建其他人可以轻松使用的代码。

2.2　复杂性的表现

复杂性一般有 3 种表现，具体如下。每种表现都会增加开发任务的难度。

变更放大。复杂性的第一个表现是，一个看似简单的变更需要在许多不同的地方修改代码。例如，考虑一个包含多个页面的网站，每个页面都显示一个带有背景颜色的横幅广告。在许多早期的网站中，颜色是在每个页面上明确指定的，如图 2.1（a）所示。为了改变这样一个网站的背景，开发者可能不得不手动修改每一个现有页面；这对于一个拥有数千个页面的大型网站来说几乎是不可能的。好在现代网站采用了类似图 2.1（b）的方法，即在一个集中位置一次性指定横幅广告的颜色，然后所有的网页都引用该共享值。使用这种方法，只需修改一次代码，就能改变整个网站的横幅广告颜色。良好设计的目标之一是减少每个设计决策影响的代码量，因此设计变更不需要修改太多代码。

认知负担。复杂性的第二个表现是认知负担，即开发者需要了解多少知识才能完成任务。认知负担越高，意味着开发者需要花费越多的时间来学习所需的信息，而且因为他们会遗漏一些重要信息，所以出现错误的风险也就越大。例如，假设 C 语言中的一个函数分配内存，返回指向该内存的指针，并假定调用者将释放内存。这增加了使用该函数的开发者的认知负担；如果开发者未能释放内存，就会出现内存泄露。如果能调整系统结构，使调用者无须关心释放内存的问题（分配内存的模块也负责释放内存），就能减轻认知负担。认知负担以多种方式出现，例如具有许多方法的 API、全局变量、不一致性和模块之间的依赖关系。

系统设计者有时会认为复杂性可以用代码行数来衡量。他们认为，如果一种实现方式比另一种实现方式短，那么它就一定更简单；如果只需要几行代码就能完成变更，那么变更就一定很容易。然而，这种观点忽略了与认知负担相关的成本。我曾见过只需几行代码就能编写应用程序的框架，但要弄清这几行代码的含义却非常困难。有时候，需要更多行代码的方法其实更简单，因为它能减少认知负担。

不知道未知：复杂性的第三个表现是，不清楚必须修改哪些代码才能完成任务，或者开发者必须掌握哪些信息才能成功完成任务。图 2.1（c）说明了这一问题。该网站使用一个集中变量来决定横幅广告的背景颜色，因此似乎很容易更改。但是，有几个网页使用了较深的背景色来突出重点，而这种较深的颜色是在各个网页中明确指定的。如果背景色发生变化，那么强调色也必须随之变化。遗憾的是，开发者不太可能意识到这一点，因此他们可能会在不更新强调色的情况下更改集中的 bannerBg 变量。即使开发者意识到了这个问题，也不清楚哪些页面使用了强调色，因此开发者可能不得不搜索网站中的每个页面。

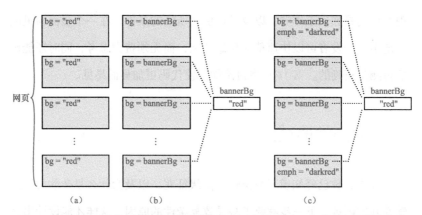

图2.1 网站的每个页面都会显示彩色横幅广告。在（a）中，每个页面都明确指定了横幅广告的背景颜色。在（b）中，一个共享变量保存了背景颜色，每个页面都引用了该变量。在（c）中，一些页面显示了一种额外的强调色，它是横幅广告背景色的深色阴影；如果背景色改变，强调色也必须改变

　　在复杂性的 3 种表现中，不知道未知是最糟糕的。不知道未知意味着你需要知道一些事情，但你却没有办法知道它是什么，甚至不知道是否存在问题。直到你做出更改后出现错误，才会发现问题所在。变更放大是很烦人的，但只要清楚哪些代码需要修改，变更完成后系统就能正常运行。同样，高认知负担也会增加变更的成本，但如果明确了要阅读哪些信息，变更仍有可能是正确的。对于不知道未知，我们不清楚该怎么做，也不清楚建议的解决方案是否可行。唯一确定的办法就是读取系统中的每一行代码，而这对于任何规模的系统来说都是不可能的。即使这样做也可能不够，因为变更可能取决于一个从未记录在案的微妙设计决策。

　　好的设计的重要目标之一就是让系统一目了然。这与高认知负担和不知道未知恰恰相反。在一个显而易见的系统中，开发者可以快速了解

现有代码是如何工作的，以及进行更改所需的条件。在一个显而易见的系统中，开发者可以快速猜测要做什么，而无须费力思考，同时还能确信猜测是正确的。第 18 章将讨论如何使代码更加显而易见。

2.3　复杂性的原因

现在，你已经知道了复杂性的高级征兆，以及为什么复杂性会导致软件开发困难，下一步就要了解导致复杂性的原因，这样才能设计出避免问题的系统。造成复杂性的原因有两个：依赖关系（dependency）和模糊性（obscurity）。本节将从较高的层次讨论这些因素，后续各章将讨论它们与低层次设计决策的关系。

在本书中，当某一段代码不能孤立地理解和修改时，就存在依赖关系；这段代码以某种方式与其他代码相关，如果给定的代码被修改，就必须考虑并修改其他代码。在图 2.1（a）的网站示例中，背景颜色在所有页面之间产生了依赖关系。所有页面都需要使用相同的背景色，因此，如果某个页面的背景色发生变化，那么所有页面的背景色也必须随之变化。依赖关系的另一个例子出现在网络协议中。通常情况下，协议的发送方和接收方都有独立的代码，但它们都必须符合协议的要求；更改发送方的代码几乎总是需要对接收方进行相应的更改，反之亦然。方法的签名会在该方法的实现和调用该方法的代码之间产生依赖关系：如果在方法中添加一个新参数，则必须修改该方法的所有调用以指定该参数。

依赖关系是软件的基本组成部分，无法完全消除。事实上，我们在软件设计过程中有意引入了依赖关系。每次编写一个新类，都会在该类的应用程序接口周围创建依赖关系。然而，软件设计的目标之一就是减少依赖关系的数量，并尽可能地使依赖关系简单明了。

考虑网站的例子。在旧版网站中，每个页面都单独指定了背景色，所有网页都相互依赖。新版网站解决了这个问题，它在一个集中位置指定了背景颜色，并提供了一个应用程序接口（API），各网页在渲染时可使用该接口检索背景颜色。新网站消除了网页之间的依赖关系，但却在获取背景颜色的 API 周围产生了新的依赖关系。好在新的依赖关系更加明显：显然，每个网页都依赖于 bannerBg 颜色，开发者可以通过搜索变量名轻松找到所有使用该变量的地方。此外，编译器也有助于管理 API 的依赖关系：如果共享变量的名称发生变化，那么所有仍然使用旧名称的代码都会出现编译错误。新版网站用一个更简单、更明显的依赖关系取代了一个不明显且难以管理的依赖关系。

复杂性的第二个原因是模糊性。当重要信息不明显时，就会出现模糊性。一个简单的例子是，变量的名称过于笼统，没有太多有用的信息（如 time），或者，某个变量的文档可能没有说明其单位，因此唯一的办法就是扫描代码，查找使用该变量的地方。模糊性通常与依赖关系有关，因为依赖关系的存在并不明显。例如，如果系统中增加了一个新的错误状态，可能需要为保存每个状态的字符串信息表添加一个条目，但对于查看状态声明的程序员来说，信息表的存在可能并不明显。不一致也是造成模糊性的一个主要原因：如果同一个变量名被用于两个不同的目的，那么开发者就不会很明显地看出某个变量的用途。

在许多情况下，模糊性是文档不足造成的；第 13 章将讨论这一主题。然而，模糊性也是一个设计问题。如果一个系统的设计简洁明了，那么它需要的文档就会减少。如果需要大量的文档，则往往是设计不完善的信号。减少模糊性的最佳方法是简化系统设计。

依赖关系和模糊性共同导致了 2.2 节中描述的复杂性的 3 种表现。依赖关系会导致变更放大和高认知负担。模糊性会导致不知道未知，也会加重认知负担。如果我们能找到将依赖关系和模糊性最小化的设计技术，那么我们就能降低软件的复杂性。

2.4　复杂性是增量的

复杂性并不是由单一的灾难性错误造成的，而是由许多小问题累积而成的。单个依赖关系或模糊性本身不太可能对软件系统的可维护性产生重大影响。复杂性的产生是因为成百上千个小的依赖关系和模糊性随着时间的推移不断累积。最终，这些小问题多到系统的每一个可能变化都会受到其中几个问题的影响。

复杂性的增量本质使其难以控制。我们很容易说服自己，当前变更带来的一点点复杂性并不是什么大问题。但是，如果每个开发者在每次变更时都采用这种方法，复杂性就会迅速累积。复杂性一旦累积起来，就很难消除，因为修复一个依赖关系或模糊性本身并不会带来很大的变化。为了减缓复杂性的增长，你必须采用"零容忍"的理念，这一点将在第 3 章中讨论。

2.5　结论

　　复杂性源于依赖关系和模糊性的累积。随着复杂性的增加，会导致变更放大、认知负担的增加和不知道未知的增加。因此，开发者需要修改更多代码才能实现每个新特性。此外，开发者需要花费更多时间来获取足够的信息，以便安全地进行更改，而在最糟糕的情况下，他们甚至无法找到所需的全部信息。总之，复杂性会给修改现有代码库带来困难和风险。

第3章 能工作的代码是不够的

（战略性编程与战术性编程）

好的软件设计的重要因素之一，是你在处理编程任务时所采用的思维方式。许多组织都鼓励采用战术思维，专注于尽快实现特性。但是，如果你想要一个好的设计，就必须采取一种更具战略性的方式，即投入时间进行简洁的设计并修复问题。本章将讨论为什么战略方式能产生更好的设计，而且从长远来看比战术方式更省钱。

3.1 战术性编程

大多数程序员在进行软件开发时都会采用一种思维方式，我称之为战术性编程（tactical programming）。在战术方式中，你的主要关注点是让某些东西能工作，例如新特性或缺陷修复。乍一看，这似乎完全合理：还有什么比编写能正常运行的代码更重要的呢？然而，战术性编程几乎不可能产生好的系统设计。

战术性编程的问题在于目光短浅。如果你采用战术性编程，就会试图尽快完成任务。也许你有一个苛刻的最后期限。因此，规划未来并不是首要任务。你不会花太多时间去寻找最好的设计；你只想尽快完成工作。你会告诉自己，只要能更快地完成当前任务，增加一点复杂性或引入一两个小的凑合的方案都是可以的。

系统就是这样变得复杂的。正如第 2 章所述，复杂性是增量的。使系统变得复杂的不是某一件事，而是几十件或几百件小事的累积。如果采用战术性编程，每项编程任务都会带来一些复杂性。为了快速完成当前任务，每一点复杂性似乎都是合理的妥协。然而，复杂性会迅速累积，尤其是当每个人都在战术性编程时。

不久之后，一些复杂的问题就会开始出现，这时你会开始后悔当初走了捷径。但是，你会告诉自己，让下一个特性正常工作比回头重构现有代码更重要。从长远来看，重构可能会有所帮助，但肯定会拖慢当前任务的进度。因此，你会寻找快速补丁来解决遇到的任何问题。这只会造成更多的复杂性，从而需要更多的补丁。很快，代码就变得一团糟，而此时情况已经糟糕到需要花费几个月的时间才能处理好。你的日程安排不可能容忍这样的拖延，而且解决一两个问题似乎也不会有太大的改变，所以你只能继续战术性编程。

如果你在大型软件项目上工作过很长时间，我想你一定见过在工作中使用战术性编程的情况，也经历过由此产生的问题。一旦开始走战术路线，就很难改变。

几乎每个软件开发组织都至少有一名开发者将战术性编程发挥到极致。此人就是战术龙卷风（tactical tornado）。战术龙卷风是一个多产的程序员，他编写代码的速度比其他人快得多，但工作方式完全是战术式的。当需要快速实现一项特性时，没有人能比战术龙卷风更快完成。在一些组织中，管理层将战术龙卷风视为英雄。然而，战术龙卷风留下的是破坏。将来必须处理其代码的工程师很少把他们视为英雄。通常情况下，其他工程师必须收拾战术龙卷风留下的烂摊子，这让人觉得这些工程师（他们才是真正的英雄）的进度比战术龙卷风慢。

3.2　战略性编程

要想成为一名优秀的软件设计师，第一步就是要认识到能工作的代码是不够的。为了更快地完成当前任务而引入不必要的复杂性，这是不可接受的，最重要的是系统的长期结构。在所有系统中，大部分代码都是通过扩展现有代码编写的，因此作为开发者，最重要的工作就是为未来的扩展提供便利。因此，你不应该把"能工作的代码"当作首要目标，尽管代码当然必须能工作。你的首要目标必须是得到一个卓越的设计，而这个设计恰好也能运行。这就是战略性编程（strategic programming）。

战略性编程需要一种投资心态。你必须投入时间来改进系统设计，而不是以最快的速度完成当前项目。如图 3.1 所示，这些投资在短期内会使你的进度放慢一些，但从长远来看会加快你的进度。

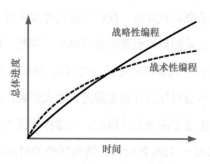

图 3.1　开始时，战术性编程方式比战略性编程方式进展更快。然而，战术方式的复杂性累积更快，从而降低了工作效率。随着时间的推移，战略方式会带来更大的进步。注：本图仅用于定性说明；我不知道对曲线精确形状的任何经验测量

有些投资是主动的。例如，值得多花一点时间为每个新类找到一个简单的设计；与其实现第一个想到的想法，不如多尝试几种备选设计，然后选出最简洁的一种。试着想象一下系统将来可能需要更改的几种方式，并确保你的设计可以轻松实现。撰写良好的文档是主动投资的另一个例子。

其他投资是被动的。无论前期投入多少，设计决策中都难免出现失误。随着时间的推移，这些错误会变得越来越明显。当发现设计问题时，不要置之不理，也不要修修补补，而是要多花一点时间去解决它。如果你进行战略性编程，就会不断对系统设计进行微小的改进。这与战术性编程恰恰相反，在战术性编程中，你会不断地增加一些小的复杂性，从而在将来造成问题。

3.3 投资多少？

投资多少合适呢？巨大的前期投资，比如试图设计整个系统，是不会有效的。这就是瀑布式方法，我们知道这种方法行不通。理想的设计往往会随着系统经验的积累而逐渐显现出来。因此，最好的方法是持续进行大量小额投资。我建议将总开发时间的 10% ～ 20% 用于投资。这个比例足够小，不会对你的日程安排造成太大影响，但又足够大，随着时间的推移会产生显著的效益。因此，与纯粹的战术方式相比，你的初始项目将花费 10% ～ 20% 的时间。这些额外的时间将带来更好的软件设计，而你将在几个月内开始体验到这些优势。用不了多久，你的开发速度就会比战术性编程至少快 10% ～ 20%。此时，你的投资就变成了免费的：过去投资的收益将节省出足够多的时间来支付未来投资的成本。你将很快收回初始投资成本。图 3.1 展示了这一现象。

相反，如果采用战术性编程，你完成第一个项目的速度会快 10%～ 20%，但随着时间的推移，你的开发速度会随着复杂性的累积而减慢。用不了多久，你的编程速度就会至少慢 10%～ 20%。你很快就会把一开始节省下来的时间全部白白浪费掉，在系统生命周期的剩余时间里，你的开发速度都会比采用战略方式时慢。如果你没有在严重退化的代码库中工作过，请与工作过的人谈谈。他们会告诉你，糟糕的代码质量至少会使开发速度减慢 20%。

人们常用"技术债"（technical debt）一词来描述战术性编程带来的问题。采用战术性编程，你就是从未来借用了时间：现在的开发进度会更快，但以后会更慢。与金融债一样，你所偿还的金额将超过你所借的金额。与金融债不同的是，大多数技术债是永远还不完的：你将永远不断地偿还。

图 3.1 提出了一个重要问题：战略性编程曲线与战术性编程曲线的交叉点在哪里？换言之，战略方式需要多长时间才能收回成本？遗憾的是，我不知道这方面的任何数据，也很难进行必要的对照实验来令人信服地回答这个问题。我个人认为，投资回报期大约为 6 ～ 18 个月。这与开发者的记忆力有很大关系：当一段代码写了几个月后，开发者已经忘记了他们在写这段代码时的大部分想法，因此如果代码很复杂，开发速度就会大大降低。这些额外的成本很快就会耗掉战术性编程最初带来的收益。再次重申，这只是我的观点，我没有任何数据支持。

3.4 初创企业与投资

在某些环境中，有一股强大的力量抵制战略方式。例如，处于早期阶段的初创公司会感受到巨大的压力，必须尽快发布早期版本。在这些公司中，即使是 10% ～ 20% 的投资似乎也负担不起。因此，许多初创公司采取了战术方式，在设计上花费的精力很少，在出现问题时进行处理的精力更少。他们认为这种做法是合理的：如果他们成功了，就会有足够的资金聘请额外的工程师来处理问题。

如果你所在的公司正在朝这个方向发展，你就应该意识到，一旦代码库变成了意大利面条，就几乎不可能再修复了。在产品的整个生命周期中，你可能都要付出高昂的开发成本。此外，好的（或坏的）设计很快就会产生影响，因此战术方式很有可能根本无法加快首次产品发布的速度。

另一个需要考虑的问题是，公司成功的重要因素之一是工程师的素质。降低开发成本的最佳途径是聘用优秀的工程师：他们的成本并不比平庸的工程师高多少，但生产效率却高得多。然而，优秀的工程师也非常注重良好的设计。如果你的代码库一团糟，消息就会传出去，这将使你更难招到人。因此，你很可能最终只能招聘到平庸的工程师。这将增加你未来的成本，并可能导致系统结构进一步退化。

Facebook 就是一家鼓励战术性编程的初创公司。曾有多年，公司的座右铭一直是 "Move fast and break things"（快速行动，打破常规）。公司鼓励刚从大学毕业的新工程师立即投入公司的代码库中。在这里，工程师在入职第一周就将提交的代码投入生产是很正常的事情。从积极的一面来看，Facebook 树立了"员工赋能"的好名声。工程师们拥有极大的自由度，很少有规则和限制会妨碍他们的工作。

　　作为一家公司，Facebook 取得了巨大的成功，但其代码库却因公司的战术方式而受到影响。许多代码不稳定，难以理解，几乎没有注释或测试，使用起来让人非常痛苦。随着时间的推移，公司意识到其文化难以为继。最终，Facebook 将其座右铭改为 "Move fast with solid infrastructure"（以坚实的基础架构快速前进），以鼓励其工程师在良好的设计方面投入更多。Facebook 能否成功清除多年战术性编程累积下来的问题，我们拭目以待。

　　公平起见，我应该指出，Facebook 的代码可能并不比初创公司的平均水平差多少。战术性编程在初创公司中司空见惯，Facebook 只是一个特别明显的例子。

　　好在采用战略方式也有可能在硅谷取得成功。Google 和 VMware 与 Facebook 成长于同一时期，但这两家公司都采用了更为战略的方式。这两家公司都非常重视高质量的代码和良好的设计，都打造了复杂的产品，用可靠的软件系统解决了复杂的问题。这两家公司强大的技术文化在硅谷广为人知。在招聘顶尖技术人才方面，几乎没有其他公司能与它们竞争。

　　这些例子表明，无论采用哪种方式，公司都能取得成功。不过，在一家注重软件设计并拥有简洁代码库的公司工作会更有趣。

3.5　结论

　　好的设计不是免费的。它是你必须不断投资的东西，这样，小问题才不会累积成大问题。好在好的设计最终会收回成本，而且比你想象得快。

关键是要始终如一地运用战略方式，并将投资视为今天的事，而不是明天的事。当你遇到困难时，很容易将清理工作推迟到困难过去之后。然而，这是一次滑坡。在当前的危机结束后，几乎可以肯定之后这种危机还会出现。一旦你开始拖延设计改进，拖延就很容易变成永久性的，你的企业文化也很容易滑向战术方式。你等待解决设计问题的时间越长，问题就会变得越大；解决方案也会变得更加吓人，这就很容易让你更加拖延。最有效的方法，是让每一位工程师都对良好的设计进行持续的小额投资。

第 4 章　模块应该深

管理软件复杂性的重要技术之一就是对系统进行设计，使开发者在任何时候都只需面对整体复杂性的一小部分。这种方法叫作模块化设计（modular design），本章将介绍其基本原理。

4.1　模块化设计

在模块化设计中，软件系统被分解成一系列相对独立的模块。模块有多种形式，如类、子系统或服务。在理想状态下，每个模块都完全独立于其他模块：开发者可以在任何一个模块中工作，而对其他模块一无所知。在这样的世界里，系统的复杂度就是其最差模块的复杂度。

遗憾的是，这一理想无法实现。模块必须通过调用彼此的函数或方法来协同工作。因此，模块之间必须相互了解。如果一个模块发生变化，其他模块可能也需要做出相应的改变，那么模块之间就会有依赖关系。例如，一个方法的参数会在该方法和所有调用该方法的代码之间产生依赖关系。如果所需的参数发生变化，则必须修改该方法的所有调用，以符合新的方法签名。依赖关系还可以有很多其他形式，而且可能非常微妙。例如，除非首先调用了其他方法，否则该方法可能无法正常运行。

模块化设计的目标就是尽量减少模块之间的依赖关系。

为了识别和管理依赖关系，我们将每个模块分为两部分：接口（interface）和实现（implementation）。接口包括其他模块的开发者在使用给定模块时必须了解的所有内容。通常情况下，接口只描述模块的功能，而不描述模块的实现方式。实现由执行接口承诺的代码构成。某个模块的开发者必须了解该模块的接口和实现，以及该模块所调用的其他模块的接口。开发者不需要了解其所在模块之外的其他模块的实现。

考虑一个实现平衡树的模块。该模块可能包含复杂的代码来确保树保持平衡。但是，模块的用户看不到这种复杂性。用户看到的是一个相对简单的接口，用于调用插入、移除和获取树中节点的操作。要调用插入操作，调用者只需提供新节点的键和值；在接口中看不到遍历树和调整节点的机制。

在本书中，模块是指任何具有接口和实现的代码单元。面向对象编程语言中的每个类都是一个模块。类中的方法或非面向对象语言中的函数也可视为模块：每个模块都有一个接口和一个实现，模块化设计技术也可应用于这些模块。更高层次的子系统和服务也是模块；它们的接口可能采用不同的形式，如内核调用或 HTTP 请求。本书关于模块化设计的讨论主要集中在类的设计上，但这些技术和概念也适用于其他类型的模块。

最好的模块是那些接口比实现简单得多的模块。这样的模块有两个优点。首先，简单的接口可以最大限度地降低模块对系统其他部分造成的复杂性。其次，如果修改模块的方式不改变其接口，那么其他模块就不会受到修改的影响。如果一个模块的接口比其实现简单得多，那么修改该模块的许多方面时，都可以不影响其他模块。

4.2　接口包含哪些内容?

模块接口包含两种信息：正式部分和非正式部分。接口的正式部分是在代码中明确指定的，其中一些可以通过编程语言检查正确性。例如，方法的正式接口是其签名，其中包括参数的名称和类型、返回值的类型，以及方法抛出的异常信息。每次调用方法时必须提供与其签名相匹配的参数数量和类型，大多数编程语言都会确保这一点。类的正式接口包括所有公有方法的签名，以及所有公有变量的名称和类型。

每个接口还包括一些非正式元素。这些元素不是以编程语言可以理解或执行的方式指定的。接口的非正式部分包括其高级行为，例如函数会删除其一个参数所命名的文件。如果对类的使用有限制（也许一个方法必须在另一个方法之前调用），这些限制也是类接口的一部分。一般来说，如果开发者需要知道某个特定信息才能使用某个模块，那么该信息就是模块接口的一部分。接口的非正式部分只能通过注释来描述，编程语言无法确保描述的完整性或准确性[①]。对于大多数接口来说，非正式部分比正式部分更大、更复杂。

明确指定接口的好处之一在于，它能准确地指出开发者在使用相关

[①]　有一些语言（主要是在研究领域）可以使用规范语言正式描述方法或函数的整体行为。规范可以自动检查，以确保与实现相匹配。一个有趣的问题是，这种正式的规范能否取代接口的非正式部分。我目前的看法是，对于开发者来说，用英语描述的接口可能比用正式规范语言编写的接口更直观、更易懂。

模块时需要了解的内容。这有助于消除 2.2 节所述的"不知道未知"问题。

4.3　抽象

抽象一词与模块化设计的理念密切相关。抽象是对实体的简化，省略了不重要的细节。抽象之所以有用，是因为它使我们更容易思考和处理复杂事物。

在模块化编程中，每个模块都以接口的形式提供抽象。接口展示了模块功能的简化视图；从模块抽象的角度来看，实现的细节并不重要，因此接口中省略了这些细节。

在抽象的定义中，"不重要"一词至关重要。抽象概念中省略的不重要细节越多越好。然而，只有当一个细节真的不重要时，抽象概念才能将其省略。抽象可能在两个方面出错。首先，抽象中可能包含一些并不重要的细节；一旦出现这种情况，抽象就会变得不必要的复杂，从而增加使用抽象的开发者的认知负担。其次，抽象忽略了真正重要的细节。这会导致抽象模糊不清：开发者只看到抽象，却无法获得正确使用抽象所需的全部信息。忽略重要细节的抽象是一种错误的抽象（false abstraction）：它可能看起来很简单，但实际上并不简单。设计抽象的关键在于了解什么是重要的，并寻找能尽量减少重要信息量的设计。

以文件系统为例。文件系统提供的抽象概念省略了许多细节，例如，选择存储设备上哪些区块存放特定文件中数据的机制。这些细节对文件系统的用户来说并不重要（只要系统提供足够的性能即可）。不过，文件系统实现的一些细节对用户来说很重要。大多数文件系统都会在主内存中缓存数据，它们可能会延迟向存储设备写入新数据，以提高性能。有些应用程序（如数据库）需要确切知道数据何时被写入存储设备，这样才能确保数据在系统崩溃后得以保存，因此，将数据刷新到二级存储的规则必须在文件系统的接口中可见。

我们不仅在编程中依赖抽象概念来管理复杂性，在日常生活中这种方式也很常见。微波炉包含复杂的电子设备，用于将交流电转换为微波辐射，并将辐射分布到整个烹饪空间。好在用户看到的是一个简单得多的抽象概念——由几个按钮组成，用于控制微波的时间和强度。汽车提供了一个简单的抽象概念，让我们无须了解电机、电池电源管理、防抱死制动、巡航控制等机制，就能驾驶汽车。

4.4 深模块

最好的模块是那些功能强大但接口简单的模块。我用"深"（deep）一词来描述这类模块。为了直观地理解深的概念，请想象每个模块都由一个矩形表示，如图 4.1 所示。每个矩形的面积与模块实现的功能成正比。矩形的顶边代表模块的接口；顶边的长度表示接口的复杂程度。最好的模块是深模块：它们在简单的接口后面隐藏了大量功能。深模块是一个很好的抽象，因为用户只能看到其内部复杂性的一小部分。

模块深度是一种关于成本与收益的思考方式。模块的优势在于其功能。模块的成本（就系统复杂性而言）是其接口。一个模块的接口代表了该模块给系统其他部分带来的复杂性：接口越小越简单，带来的复杂性就越少。收益最大、成本最低的模块才是最好的模块。接口是好东西，但并不一定接口越多（或越大）越好！

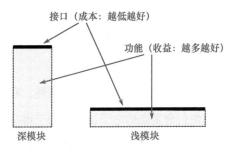

图4.1　深模块和浅模块。最好的模块是深模块：它允许通过简单的接口访问大量功能。浅模块是指接口相对复杂，但功能不多的模块：它不会隐藏太多的复杂性

　　UNIX 操作系统及其继承者（如 Linux）所提供的文件 I/O 机制就是深接口的典范。I/O 只有 5 个基本的系统调用，签名也很简单：

```
int open(const char* path, int flags, mode_t permissions);
ssize_t read(int fd, void* buffer, size_t count);
ssize_t write(int fd, const void* buffer, size_t count);
off_t lseek(int fd, off_t offset, int referencePosition);
int close(int fd);
```

　　open 系统调用接收一个分层文件名，如 /a/b/c，并返回一个整数文件描述符（file descriptor），用于引用打开的文件。open 的其他参数提供了可选信息，如文件是为读取还是写入而打开，如果没有现存文件，是否应创建新文件；以及如果创建新文件，该文件的访问权限等。read 和 write 系统调用在应用程序的内存缓冲区和文件之间传输信息；close 系统调用则结束对文件的访问。大多数文件都是按顺序访问的，因此这是默认设置；不过，也可以通过 lseek 系统调用来改变当前的访问位置，从而实现随机访问。

UNIX I/O 接口的现代实现需要数十万行代码，以解决以下复杂问题。

● 如何在磁盘上表示文件以便高效访问？

● 如何存储目录，如何处理分层路径名以查找其指向的文件？

● 如何执行权限，使一个用户不能修改或删除另一个用户的文件？

● 如何实现文件访问？例如，中断处理程序和后台代码之间的功能是如何划分的？

● 并发访问多个文件时使用什么调度策略？

● 如何在内存中缓存最近访问的文件数据，以减少磁盘访问次数？

● 如何将磁盘和闪存驱动器等各种不同的辅助存储设备整合到一个文件系统中？

所有这些问题以及更多问题都由 UNIX 文件系统实现处理；调用系统调用的程序员看不到它们。多年来，UNIX I/O 接口的实现已经发生了翻天覆地的变化，但 5 个基本的内核调用却没有改变。

深模块的另一个例子是 Go 或 Java 等语言中的垃圾回收器。该模块没有任何接口，而是在幕后隐形工作，回收未使用的内存。在系统中添加垃圾回收器实际上缩小了系统的整体接口，因为它取消了释放对象的接口。垃圾回收器的实现相当复杂，但程序员并不知道这种复杂性。

深模块（如 UNIX I/O 和垃圾回收器）提供了强大的抽象功能，因为它们易于使用，但却隐藏了巨大的实现复杂性。

4.5 浅模块

不同的是，浅模块的接口与其提供的功能相比，相对比较复杂。例如，实现链表的类就是浅模块。操作一个链表并不需要太多代码（插入或删除一个元素只需要几行代码），因此链表抽象并没有隐藏太多细节。链表接口的复杂性几乎与其实现的复杂性一样大。像链表这样的浅类有时是不可避免的，而且它们仍然很有用，但它们并不能有效地降低复杂性。

下面是一个浅方法的极端例子，取自软件设计课上的一个项目：

```
private void addNullValueForAttribute(String attribute) {
    data.put(attribute, null);
}
```

从管理复杂性的角度来看，这种方法只会让事情变得更糟，而不是更好。该方法没有提供任何抽象，因为它的所有功能都可以通过接口看到。例如，调用者可能需要知道属性将存储在 data 变量中。考虑接口并不比考虑完整的实现简单。如果方法的文档编写得当，文档将比方法的代码更长。调用方法所需的按键次数甚至比调用者直接操作 data 变量所需的按键次数还要多。该方法增加了复杂性（以新接口的形式让开发者学习），却没有带来任何补偿性的收益。

🚩 警示信号：浅模块

浅模块是这样的模块：相对于所提供的功能而言，其接口过于复杂。浅模块在与复杂性的斗争中并无多大帮助，因为它们所带来的收益（无须了解其内部工作原理）被学习和使用其接口的成本所抵消。小模块往往是浅模块。

4.6　类炎

遗憾的是，深类的价值如今并未得到广泛重视。编程的传统观点是类应该小（small），而不是深。学生们经常被教导，类设计中最重要的是将大类分解成小类。关于方法，人们也经常给出同样的建议："任何长于 N 行的方法都应该分成多个方法"（N 可以低至 10）。这种做法会导致大量的浅类和浅方法，从而增加系统的整体复杂性。

"类应该很小"的极端做法是一种综合征，我称之为"类炎"（classitis），它源于"类是好东西，所以类越多越好"的错误观点。在患有类炎的系统中，开发者被鼓励尽量减少每个新类的功能：如果你想要更多功能，就引入更多的类。类炎可能导致单个类的功能简单，但却增加了整个系统的复杂性。小类贡献不了多少功能，因此必须有大量的小类，每个小类都有自己的接口。这些接口累积起来会在系统层面上造成巨大的复杂性。由于每个类都需要重复引用，小类也会导致冗长的编程风格。

4.7　示例：Java 和 UNIX I/O

类炎较明显的例子之一就是 Java 类库。Java 语言并不需要大量的小类，但类炎文化似乎已在 Java 编程社区扎根。例如，多年来，Java 开发者必须创建 3 个不同的对象才能打开文件并从中读取序列化对象：

```
FileInputStream fileStream =
        new FileInputStream(fileName);
```

```
BufferedInputStream bufferedStream =
        new BufferedInputStream(fileStream);
ObjectInputStream objectStream =
        new ObjectInputStream(bufferedStream);
```

FileInputStream 对象只提供基本的 I/O：它不能执行缓冲 I/O，也不能读写序列化对象。BufferedInputStream 对象为 FileInputStream 增加了缓冲功能，而 ObjectInputStream 则增加了读写序列化对象的功能，一旦文件被打开，上面代码中的前两个对象（fileStream 和 bufferedStream）就永远不会被使用；以后的所有操作都使用 objectStream。

　　特别让人厌烦（而且容易出错）的是，必须通过创建一个单独的BufferedInputStream 对象来明确请求缓冲；如果开发者忘记创建该对象，就不会有缓冲，I/O 速度就会很慢。也许 Java 开发者会争辩说，不是每个人都想在文件 I/O 中使用缓冲，所以不应该在基本机制中内置缓冲。他们可能会说，最好将缓冲分开，这样人们就可以选择是否使用缓冲。提供选择是件好事，但接口的设计应使常见情况尽可能简单（见本书第 2 章的公式）。几乎每个文件 I/O 用户都会需要缓冲，因此应该默认提供缓冲。对于那些不需要缓冲的少数情况，库可以提供禁用缓冲的机制。任何禁用缓冲的机制都应在接口中清晰地分离出来（例如，通过为 FileInputStream 提供不同的构造函数，或通过禁用或替换缓冲机制的方法），这样大多数开发者甚至不需要知道它的存在。

　　与此相反，UNIX 系统调用的设计者将普通情况简单化了。例如，他们认识到顺序 I/O 最为常见，因此将其作为默认行为。使用 lseek 系统调用进行随机存取仍然相对容易，但只进行顺序访问的开发者不需要了解这种机制。如果一个接口有很多特性，但大多数开发者只需了解其中的几个，那么该接口的实际复杂度就是常用特性的复杂度。

4.8　结论

通过将模块的接口与其实现分离，我们可以将实现的复杂性隐藏起来，使系统的其他部分无法察觉。模块的用户只需理解模块接口提供的抽象。在设计类和其他模块时，最重要的问题是使它们成为深类和深模块，这样它们就能够为常见的使用场景提供简单的接口，但仍能提供重要的功能。这样可以最大限度地隐藏复杂性。

第 5 章　信息隐藏（和泄露）

第 4 章论证了模块应该是深模块。本章和后面几章将讨论创建深模块的技术。

5.1　信息隐藏

信息隐藏（information hiding）是实现深模块的重要技术之一。David Parnas 在一篇经典论文中首次描述了这一技术[①]。其基本思想是，每个模块都应封装一些代表设计决策的知识。这些知识嵌入模块的实现中，但不出现在模块的接口中，因此其他模块看不到这些知识。

隐藏在模块中的信息通常包括如何实现某种机制的细节。下面是一些可能隐藏在模块中的信息的示例。

- 如何在 B 树中存储信息，以及如何高效地访问这些信息。
- 如何识别文件中每个逻辑块对应的物理磁盘块。
- 如何实现 TCP 网络协议。
- 如何在多核处理器上调度线程。

---

① David Parnas, "On the Criteria to be Used in Decomposing Systems into Modules," *Communications of the ACM,* December 1972.

● 如何解析 JSON 文档。

隐藏信息包括与机制相关的数据结构和算法，还可能包括页面大小等低层细节，也可能包括更抽象的高层概念，如大多数文件都很小的假设。

信息隐藏从两个方面降低了复杂性。首先，它简化了模块接口。接口反映了模块功能更简单、更抽象的视图，并隐藏了细节；这减轻了使用模块的开发者的认知负担。例如，使用 B 树类的开发者无须担心树中节点的理想扇出（fan-out）或如何保持树的平衡。其次，信息隐藏使系统更容易演进。如果某个信息被隐藏起来，那么在包含该信息的模块之外就不存在对该信息的依赖关系，因此与该信息相关的设计变更只会影响到一个模块。例如，如果 TCP 发生变化（如引入新的拥塞控制机制），就必须修改协议的实现，但使用 TCP 发送和接收数据的高层代码则无须修改。

警示信号：过度暴露

如果常用特性的 API 迫使用户了解其他很少使用的特性，对于不需要这些很少使用特性的用户来说，就会增加认知负担。

在设计新模块时，应仔细考虑该模块可以隐藏哪些信息。如果能隐藏更多的信息，也就能简化模块的接口，从而使模块更深。

注意：通过声明私有属性来隐藏类中的变量和方法与信息隐藏并不是一回事。私有元素有助于信息隐藏，因为它们使类外部无法直接访问这些数据项。然而，有关私有项的信息仍然可以通过公有方法（如取值和设值方法）暴露出来。在这种情况下，变量的性质和用途就会像公有变量一样暴露出来。

信息隐藏的最佳形式是将信息完全隐藏在模块中，使它与模块的用户无关，也不可见。不过，部分信息隐藏也有其价值。例如，如果一个类中只有少数用户需要某项特征或某条信息，而且该特征或信息是通过单独的方法访问的，以便在最常见的使用场景下是不可见的，那么该信息在很大程度上就是隐藏的。与类的每个用户都能看到的信息相比，这些信息产生的依赖关系更小。

5.2　信息泄露

信息隐藏的反面是信息泄露（information leakage）。当一个设计决策反映在多个模块中时，就会发生信息泄露。这就在模块之间产生了一种依赖关系：对该设计决策的任何修改都需要对所有相关模块进行修改。如果某个信息反映在某个模块的接口上，那么根据定义，该信息已经泄露。因此，接口越简单，信息隐藏越好。然而，即使信息没有出现在模块接口中，它也可能被泄露。假设两个类都知道某种特定的文件格式（可能一个类读取该格式的文件，另一个类写入该格式的文件），即使两个类都没有在其接口中公开该信息，但它们都依赖于该文件格式：如果格式发生变化，两个类都需要修改。这种后门泄露比通过接口泄露更有害，因为它不是显而易见的。

🚩 **警示信号：信息泄露**

当相同的知识用于多个地方时，比如两个不同的类都了解某种文件的格式，就会发生信息泄露。

信息泄露是软件设计中的重要警示信号之一。作为一位软件设计师，你能学到的最好技能就是对信息泄露的高度敏感性。如果遇到了类之间的信息泄露，请自问："我怎样才能重新组织这些类，使这一特定知识只影响一个类？"如果受影响的类相对较小，并且与泄露的信息密切相关，那么将它们合并为单个类可能是有意义的。另一种可行的方法是从所有受影响的类中提取信息，然后创建一个新的类来封装这些信息。不过，只有在你能找到一个简单的接口来抽象出细节的情况下，这种方法才会有效；如果新类通过其接口暴露了大部分知识，那么它就不会有太大的价值（你只是用通过接口泄露代替了后门泄露）。

5.3　时序分解

信息泄露的一个常见原因是一种设计风格，我称之为"时序分解"（temporal decomposition）。在时序分解中，系统结构与操作发生的时间顺序相对应。考虑一个应用程序，它以特定格式读取文件，修改文件内容，然后再次写出文件。通过时序分解，这个应用程序可能会被分成 3 个类：一个类负责读取文件，另一个类负责执行修改，第三个类负责写出新版本。文件读取和文件写入两个步骤都需要了解文件格式，这就造成了信息泄露。解决方案是将读写文件的核心机制合并到一个类中。这个类在应用程序的读写阶段都会用到。我们很容易掉入时序分解的陷阱，因为在编写代码时，我们经常会考虑操作发生的顺序。然而，大多数设计决策会在应用程序生命周期中的多个不同时间出现；因此，时序分解往往会导致信息泄露。

> **📖 警示信号：时序分解**
>
> 　　在时序分解中，执行顺序反映在代码结构中：在不同时间进行的操作位于不同的方法或类中。如果在执行的不同时间点使用到相同的知识，这些知识就会被编码到多个地方，从而导致信息泄露。

　　顺序通常很重要，因此会反映在应用程序的某个地方，但是，它不应反映在模块结构中，除非该结构与信息隐藏一致（也许不同阶段使用完全不同的信息）。在设计模块时，应关注执行每项任务所需的知识，而不是任务发生的顺序。

5.4　示例：HTTP服务器

　　为了说明信息隐藏中的问题，让我们来看看学生在软件设计课程中实现 HTTP 所做的设计决策。看看他们做得好的地方和有问题的地方，都很有用。

　　HTTP 是网络浏览器与网络服务器通信的一种机制。当用户点击网络浏览器中的链接或提交表单时，浏览器会使用 HTTP 通过网络向网络服务器发送请求。服务器处理完请求后，会向浏览器发回一个响应；响应通常包含一个要显示的新网页。HTTP 规定了请求和响应的格式，二者都以文本形式表示。图 5.1 展示了一个描述表单提交的 HTTP 请求示例。课程要求学生实现一个或多个类，使 Web 服务器能够轻松接收传入的 HTTP 请求，并发送响应。

图 5.1 HTTP 中的 POST 请求由通过 TCP 套接字发送的文本组成。每个请求包含一个首行、一组以空行结束的报头和一个可选的正文。首行包含请求类型（POST 用于提交表单数据）、表示操作的 URL（/comments/create）和可选参数（photo_id 的值为 246），以及发送方使用的 HTTP 版本。每个报头行都包含一个名称（如 Content-Length），后面跟一个值。对于此请求，正文包含附加参数（comment 和 priority）

5.5　示例：类过多

学生们最常犯的错误是将代码分成大量的浅类，这导致了类之间的信息泄露。有一个团队使用两个不同的类来接收 HTTP 请求；第一个类将来自网络连接的请求读取为字符串，第二个类对字符串进行解析。这是一个时序分解（"先读取请求，再解析请求"）的例子。信息泄露的发生是因为 HTTP 请求不能在不解析大量消息的情况下被读取。例如，

Content-Length 报头指定了请求体的长度，因此必须解析报头才能计算请求的总长度。所以，两个类都需要理解 HTTP 请求的大部分结构，而且两个类中的解析代码都是重复的。这种方法也给调用者带来了额外的复杂性，他们必须以特定的顺序调用不同类中的两个方法，才能接收请求。

因为这些类共享了大量信息，所以最好将它们合并为一个类，同时处理请求的读取和解析。这样可以更好地隐藏信息，因为它将所有关于请求格式的知识都隔离在一个类中，而且还为调用者提供了一个更简单的接口（只需调用一个方法）。

这个例子说明了软件设计中的一个普遍主题：通常可以通过将一个类稍稍放大来改进信息隐藏。这样做的一个原因是将与特定功能（如解析 HTTP 请求）相关的所有代码集中在一起，这样产生的类就包含了与该功能相关的所有内容。增加类的大小的第二个原因是为了提高接口的层级；例如，与其为计算的 3 个步骤中的每一步设置单独的方法，不如使用一个方法来执行整个计算。这样可以简化接口。在上一段的示例中，这两个好处都得到了体现：合并这些类可以将所有与解析 HTTP 请求相关的代码集中在一起，并用一个方法取代了两个外部可见的方法。合并后的类比原来的类更深。

当然，大类的概念也有可能做过头（例如整个应用程序只有一个类）。第 9 章将讨论在哪些情况下，将代码分成多个较小的类是合理的。

5.6　示例：HTTP 参数处理

服务器收到 HTTP 请求后，需要访问请求中的某些信息。处理

图 5.1 中请求的代码可能需要知道 photo_id 参数的值。参数可以在请求的第一行指定（图 5.1 中的 photo_id），有时也可以在正文中指定（图 5.1 中的 comment 和 priority）。每个参数都有一个名称和一个值。参数值使用一种称为 URL 编码（URL encoding）的特殊编码；例如，在图 5.1 的 comment 值中，用"+"表示空格符，用"%21"代替"!"。为了处理请求，服务器需要某些参数的值，而且需要未编码的形式。

在参数处理方面，大多数学生项目都做出了两个不错的选择。首先，他们认识到服务器应用程序并不关心参数是在请求的报头行还是正文中指定的，因此他们对调用者隐藏了这一区别，并将两个位置的参数合并在一起。其次，他们隐藏了 URL 编码的知识：HTTP 解析器在将参数值返回给 Web 服务器之前会对其进行解码，因此图 5.1 中的 comment 参数值将返回"What a cute baby!"，而不是"What+a+cute+baby%21"。在这两种情况下，信息隐藏为使用 HTTP 模块的代码带来了更简单的 API。

然而，大多数学生采用的返回参数的接口过于浅，导致错失了信息隐藏的机会。大多数项目使用 HTTPRequest 类型的对象来保存解析后的 HTTP 请求，而 HTTPRequest 类只有一个类似下面的方法来返回参数：

```
public Map<String, String> getParams() {
    return this.params;
}
```

该方法不返回单个参数，而是返回内部用于存储所有参数的 Map 的引用。该方法是浅方法，它公开了 HTTPRequest 类用于存储参数的内部表示法。对该表示法的任何更改都会导致接口的更改，这就需要对所有调用者进行修改。在对实现进行修改时，这些修改通常会涉及关键数据结构表示法的修改（例如，为了提高性能）。因此，应尽可能避免公开内部数据结构，这非常重要。这种方法还增加了调用者的工作量：调用者必须首先调用 getParams，然后调用另一个方法从 Map 中获取特定参数。最后，调用者必须意识到，他们不应该修改 getParams 返回的 Map，因为那会影响 HTTPRequest 的内部状态。

下面是更好的获取参数值的接口：

```
public String getParameter(String name) { ... }
public int getIntParameter(String name) { ... }
```

getParameter 以字符串形式返回参数值。它提供了一个比上面的 get Params 更深的接口；更重要的是，它隐藏了参数的内部表示。getIntParameter 会将 HTTP 请求中的字符串形式的参数值转换为整数（如图 5.1 中的 photo_id 参数）。这样，调用者不必单独请求字符串到整数的转换，同时也向调用者隐藏了这一机制。如果需要，还可以定义其他数据类型的附加方法，如 getDoubleParameter。（如果所需的参数不存在，或无法转换成所请求的类型，那么所有这些方法都会抛出异常；上述代码省略了异常声明。）

5.7　示例：HTTP 响应中的默认值

HTTP 项目还必须为生成 HTTP 响应提供支持。学生在这方面最常犯的错误是默认值不足。每个 HTTP 响应都必须指定 HTTP 版本；一个团队要求调用者在创建响应对象时明确指定该版本。然而，响应版本必须与请求对象中的版本相对应，而且在发送响应时，请求必须已作为参数传递（它指明了发送响应的位置）。因此，让 HTTP 类自动提供响应版本更有意义。调用者不太可能知道要指定哪个版本，如果调用者指定了一个值，很可能会导致 HTTP 库和调用者之间的信息泄露。HTTP 响应还包括一个 Date 报头，指定了响应发送的时间；HTTP 库也应该为此提供一个合理的默认值。

默认值说明了这样一个原则：接口的设计应使常见情况尽可能简单。默认值也是部分信息隐藏的一个例子：在正常情况下，调用者不需要知道默认项的存在。在极少数情况下，如果调用者需要覆盖默认值，它就必须知道该值，并且可以调用一个特殊的方法来修改它。

只要有可能，类就应该在没有明确要求的情况下"做正确的事"。默认值就是一个例子。4.7 节的 Java I/O 示例从反面说明了这一点。文件 I/O 中的缓冲功能是大家通常期望的，任何人都不需要明确提出要求，甚至不需要知道它的存在；I/O 类应该做正确的事，自动提供缓冲功能。最好的特性就是，你拥有它但却不知道它存在。

5.8　类内的信息隐藏

本章的示例重点介绍了与类的外部可见 API 有关的信息隐藏，但信息隐藏也可应用于系统的其他层级，如类内部。尝试设计类内的私有方法，使每个方法都能封装某些信息或功能，并对类的其他部分进行隐藏。此外，尽量减少每个实例变量的使用次数。有些变量可能需要在整个类中广泛访问，但有些变量可能只需要在少数地方使用；如果能减少变量的使用次数，就能消除类内的依赖关系，降低类的复杂性。

5.9　过犹不及

只有当模块外不需要被隐藏的信息时，信息隐藏才有意义。如果模块外需要该信息，就不能将其隐藏。假设模块的性能受某些配置参数的影响，并且模块的不同用途需要不同的参数设置。在这种情况下，重要的是在模块接口中公开这些参数，以便对其进行适当调整。例如，如果模块可以自动调整配置，则比公开配置参数更好。但是，重要的是要认识到哪些信息是模块外部所需要的，并确保将其公开。

5.10　结论

信息隐藏与深模块密切相关。如果一个模块隐藏了大量信息，往往会增加模块提供的功能，同时也减少了模块的接口。这就使得模块更深。相反，如果一个模块没有隐藏太多信息，那么要么它没有太多的功能，要么它有一个复杂的接口；无论哪种情况，这个模块都是浅模块。

在将系统分解成模块时，尽量不要受运行时操作发生顺序的影响；这将导致你走上时序分解的道路，从而造成信息泄露和浅模块。相反，请思考执行应用程序任务所需的不同知识片段，并设计每个模块来封装其中的一个或几个知识片段。这样就能设计出简洁明了的深模块。

第 6 章　通用模块更深

在教授软件设计课程的过程中，我不断尝试找出学生代码复杂的原因，这一过程从几个方面改变了我对软件设计的看法。其中最重要的一点与通用性和专用性有关。我一再发现，专用性会导致复杂性；而现在则认为，过度的专用性可能是造成软件复杂性的最大原因。相反，通用性更强的代码则更简单、更干净、更容易理解。

这一原则适用于软件设计的许多不同层面。在设计类或方法等模块时，得到深 API 的较好的方法之一就是让它具有通用性（通用 API 导致更多信息隐藏）。在编写细节丰富的代码时，简化代码的有效方法之一就是消除特例，使得通用代码也能处理边缘情况。消除特例还可以提高代码的效率，我们将在第 20 章看到这一点。

本章将讨论专用性带来的问题和通用性带来的好处。专用性是无法完全消除的，因此本章还提供了如何将专用代码与通用代码分开的指导原则。

6.1　让类有点通用

在设计一个新类时，常见的决策之一是以通用方式还是专用方式来实现该类。有些人可能会认为，你应该采用通用方式，即实现一种可用于解决广泛问题的机制，而不仅仅是当前重要的问题。在这种情况下，新实现的机制可能会在未来找到意想不到的用途，从而节省时间。这种通用方式似乎与第 3 章讨论的投资心态一致，即前期多花一点时间，后期就能节省时间。

另一方面，我们知道很难预测软件系统的未来需求，因此通用解决方案可能会包含实际上永远用不上的设施。此外，如果你实现的东西过于通用，那么它可能无法很好地解决你当前遇到的特定问题。因此，有些人可能会说，最好还是专注于当前的需求，只构建你知道确实需要的东西，并按照你计划的方式让它具有专用性。如果你采用了专用方式，后来又发现了其他用途，你可以随时重构它，使它成为通用的。专用方式似乎与软件开发的增量方式一致。

刚开始教授软件设计课程时，我倾向于第二种方法（从专用开始），但在教授了几次之后，我改变了主意。在回顾学生的项目时，我注意到通用类几乎总是比专用类更好。尤其让我惊讶的是，通用接口比专用接口更简单、更深，而且在实现过程中需要的代码更少。事实证明，即使你以专用方式使用一个类，以通用方式构建它的工作量也更少。而且，如果将来将该类用于其他目的，通用方式还能节省更多时间。但即使不复用该类，通用方式也会更好。

根据我的经验，实现新模块的最佳方式是采用"有点通用"（somewhat general-purpose）的方式。"有点通用"的意思是说，模块的功能应该反映你当前的需求，但它的接口不应该这样。相反，接口应该足够通用，以支持多种用途。接口应易于使用，满足当前的需求，而不是与这些需求紧密相连。"有点"这个词很重要：不要做得太过，建立一个通用性太强的东西，以至于难以满足你当前的需求。

6.2 示例：为编辑器存储文本

让我们举一个软件设计课上的例子。学生需要创建一个简单的图形用户界面（GUI）文本编辑器。该编辑器必须显示一个文件，并允许用户通过指向、点击和输入来编辑该文件。它还必须支持在不同窗口中同时查看同一文件的多个视图，并支持对文件修改的多级撤销和重做。

每个学生项目都包含一个管理文件底层文本的类。文本类通常提供将文件载入内存、读取和修改文件文本以及将修改后的文本写回文件的方法。

许多学生团队为文本类实现了专用 API。他们知道该类将在交互式编辑器中使用，因此他们考虑了编辑器必须提供的特性，并根据这些专用特性定制了文本类的 API。例如，如果编辑器的用户输入退格键，编辑器就会删除光标左侧的字符；如果用户输入删除键，编辑器就会删除光标右侧的字符。了解到这一点后，一些团队在文本类中创建了一个方法来支持这些专用特性：

```
void backspace(Cursor cursor);
void delete(Cursor cursor);
```

这些方法中的每一个都将光标位置作为参数；一个专用类型 Cursor 表示该位置。编辑器还必须支持可以复制或删除的选择区域。学生们定义了一个 Selection 类，并在删除时将该类的对象传递给文本类：

```
void deleteSelection(Selection selection);
```

学生们可能认为，如果文本类的方法与用户可见的特性相对应，那么实现用户界面就会更容易。但实际上，这种专用性并没有给用户界面代码带来多少好处，反而给用户界面或文本类的开发者带来了很大的认知负担。文本类中最终出现了大量的浅方法，而每个方法只适用于一种用户界面操作。许多方法（如 delete）只能在一个地方被调用。因此，用户界面的开发者必须了解文本类的大量方法。

这种方法造成了用户界面和文本类之间的信息泄露。与用户界面相关的抽象，如选择区域或退格键，都反映在文本类中；这增加了开发者对文本类的认知负担。每一个新的用户界面操作都需要在文本类中定义一个新的方法，因此开发者在开发用户界面时很可能也要开发文本类。类设计的目标之一是让每个类都能独立开发，但专用方式将用户界面类和文本类绑在了一起。

6.3　更通用的 API

较好的方法是使文本类更具通用性。它的 API 应仅从基本文本特性的角度来定义，而不反映用它来实现的更高层次的操作。例如，修改文本只需要两个方法：

```
void insert(Position position, String newText);
void delete(Position start, Position end);
```

第一个方法是在文本中的任意位置插入任意字符串，第二个方法是删除位置大于或等于 start 但小于 end 的所有字符。该 API 还使用了更通用的 Position 类型，而不是 Cursor，因为它反映了专用的用户界面。文本类还应提供用于操作文本内位置的通用功能，例如：

```
Position changePosition(Position position, int numChars);
```

这个方法返回与给定位置相差一定字符数的新位置。如果参数 numChars 为正数，则新位置在文件中的位置比 position 靠后；如果参数 numChars 为负数，则新位置在 position 之前。必要时，该方法会自动跳到下一行或上一行。使用这些方法，删除键可以用以下代码实现（假设 cursor 变量保存当前光标位置）：

```
text.delete(cursor, text.changePosition(cursor, 1));
```

类似地，退格键可以用以下代码实现：

```
text.delete(text.changePosition(cursor, -1), cursor);
```

使用通用文本 API 实现删除和退格等用户界面功能的代码，要比使用专用文本 API 的原始方法的代码更长一些。不过，新代码比旧代码更容易理解。在用户界面模块工作的开发者可能会关心哪些字符会被退格键删除。有了新代码，这一点就显而易见了。而在旧代码中，开发者必须进入文本类，阅读 backspace 方法的文档或代码，才能验证行为。此外，通用方式的代码总量比专用方式少，因为它用较少的通用方法取代了文本类中的大量专用方法。

使用通用接口实现的文本类除了可以用于交互式编辑器，还可以用于其他目的。举例来说，假设你要创建一个应用程序，它可以通过用另一个字符串替换所有出现的特定字符串来修改指定文件。专用文本类中的方法（如 backspace 和 delete）对这一应用程序的价值不大。然而，通用文本类已经具备了新应用程序所需的大部分功能。现在缺少的只是一个搜索给定字符串下一次出现的方法，例如下面的方法：

```
Position findNext(Position start, String string);
```

当然，交互式文本编辑器很可能具有搜索和替换机制，在这种情况下，文本类就已经包含了这种方法。

6.4 通用性带来更好的信息隐藏

通用方式在文本类和用户界面类之间提供了更清晰的分离，从而实现了更好的信息隐藏。文本类无须了解用户界面的具体细节，例如如何处理退格键。这些细节现在都封装在用户界面类中。无须在文本类中创建新的支持函数，就能添加新的用户界面特性。通用接口还减轻了认知负担：开发者在开发用户界面时只需学习几个简单的方法，这些方法可复用于各种用途。

原来版本文本类中的 backspace 方法是一个错误的抽象。它声称隐藏了关于哪些字符被删除的信息，但用户界面模块确实需要知道这些信息；用户界面开发者很可能会阅读 backspace 方法的代码，以确认其确切的行为。将该方法放在文本类中只会增加用户界面开发者获取所需信息的难度。软件设计中的重要因素之一就是确定谁需要知道什么，以及什么时候需要知道。当细节非常重要时，最好尽可能使其明确和显而易见，例如修改后的退格操作实现。将这些信息隐藏在接口后面只会造成模糊不清的效果。

6.5　要问自己的问题

识别一个简洁的通用类设计比创建一个通用类设计要容易得多。你可以向自己提出一些问题，这将有助于你在接口的通用性和专用性之间找到适当的平衡。

什么是能满足我当前所有需求的最简单接口？如果在不减少 API 整体功能的情况下减少其方法数量，那么很可能是创建了更通用的方法。专用文本 API 至少有 3 种删除文本的方法：backspace、delete 和 deleteSelection。而通用性更强的 API 只有一种删除文本的方法，可满足所有 3 个目的。只有在每个方法的 API 保持简单的情况下，减少方法的数量才有意义；如果为了减少方法的数量而不得不引入大量额外的参数，可能就不是真正的简化了。

这个方法会在多少种情况下使用？如果一个方法是为专用而设计的（例如 backspace 方法），则意味着它可能过于专用。看看能否用一个通用方法取代几个专用方法。

对于我当前的需求来说，这个 API 容易使用吗？这个问题可以帮助你判断在让 API 简单化和通用化的过程中是否做得太过。如果你必须编写大量额外的代码才能将一个类用于当前的目的，就表明该接口没有提供正确的功能。例如，文本类的一种方法是围绕单字符操作进行设计：
insert 插入单字符，delete 删除单字符。这种 API 既简单又通用。但是，
对于文本编辑器来说，它并不是特别容易使用：高层代码将包含大量插
入或删除字符范围的循环。对于大型操作来说，单字符方法的效率也不
高。因此，该文本类最好内置对字符范围操作的支持。

6.6　将专用性向上推（和向下推）

大多数软件系统都不可避免地有一些专用代码。例如，应用程序为
其用户提供专用特性，这些特性通常是高度专用的。因此，通常不可能
完全消除专用性。不过，专用代码应与通用代码清晰地分离。这可以通
过将专用代码在软件栈中向上推或向下推来实现。

分离专用代码的一种方法是将它向上推。应用程序的顶层类提供专
用特性，必然会针对这些特性进行专用化。但这种专用并不一定会渗透
到用于实现这些特性的底层类中。我们在本章前面的编辑器示例中看到
了这一点。学生最初的实现将专用的用户界面细节（如退格键的行为）
泄露到文本类的实现中。改进后的文本 API 将所有的专用代码向上推到
用户界面代码中，只在文本类中留下通用代码。

有时，最好的办法是向下推专用代码。设备驱动程序就是一个例
子。操作系统通常必须支持成百上千种不同的设备类型，例如不同种
类的二级存储设备。每种设备类型都有自己的专用命令集。为了防止专
用设备特性泄露到主操作系统代码中，操作系统定义了一个接口，其中
包含任何二级存储设备都必须实现的通用操作，如"读取块"和"写入

块"。对于每个不同的设备，设备驱动程序模块使用该设备的专用特性来实现通用接口。这种方法将专用代码推向了设备驱动程序，因此在编写操作系统核心时无须了解特定设备的特性。这种方法也让添加新设备变得容易：如果一个设备有足够的特性来实现设备驱动程序接口，就可以将其添加到系统中，而无须对主操作系统进行任何修改。

6.7　示例：编辑器撤销机制

在图形用户界面编辑器项目中，其中一项要求是支持多级撤销 / 重做，不仅针对文本本身的更改，还针对选择区域、插入光标和视图的更改。例如，如果用户选择了一些文本，将其删除，滚动到文件中的不同位置，然后调用撤销，编辑器必须将其状态恢复到删除前的状态。这包括恢复已删除的文本、重新选择文本，以及使所选文本在窗口中可见。

有些学生项目将整个撤销机制作为文本类的一部分来实现。文本类保存了所有可撤销更改的列表。每当文本发生更改时，它都会自动将条目添加到该列表中。对于选择区域、插入光标和视图的更改，用户界面代码会调用文本类中的其他方法，然后将这些更改的条目添加到撤销列表中。当用户请求撤销或重做时，用户界面代码会调用文本类中的一个方法，然后该方法处理撤销列表中的条目。对于与文本相关的条目，它会更新文本类的内部结构；对于与其他内容（如选择区域）相关的条目，文本类会调用用户界面代码来执行撤销或重做操作。

这种方法导致文本类的特性集非常不协调。撤销 / 重做的核心包括一个通用机制，用于管理已执行操作的列表，并在撤销和重做操作期间逐步执行这些操作。该核心位于文本类中，同时还有专门的处理程序，用于对文本和选择区域等特定内容执行撤销和重做操作。用于选择区域和光标的专用撤销处理程序与文本类中的其他内容无关；它们导致文本类和用户界面之间的信息泄露，以及每个模块中用于来回传递撤销信息的额外方法。如果将来系统中增加了一种新的可撤销实体，就需要对文本类进行修改，包括针对该实体的新方法。此外，通用撤销核心与类中的通用文本设施关系不大。

　　这些问题可以通过提取撤销 / 重做机制的通用核心并将其置于单独的类中来解决：

```java
public class History {
    public interface Action {
        public void redo();
        public void undo();
    }

    History() {...}

    void addAction(Action action) {...}
    void addFence() {...}

    void undo() {...}
    void redo() {...}
}
```

　　在这个设计中，History 类管理着一个实现了 History.Action 接口的对象集合。每个 History.Action 都描述了单个操作，如插入文本或更改光标位置，并提供了可以撤销或重做该操作的方法。History 类对存储在操作中的信息或它们如何实现撤销和重做方法一无所知。History 维护着一个历史列表，其中描述了在应用程序生命周期内执行的所有操作，它提供的撤销和重做方法可在列表中前后移动，以响应用户请求的撤销和重做操作，并调用 History.Actions 中的撤销和重做方法。

　　History.Actions 是专用对象：每个对象都能理解特定类型的可撤销操作。它们在 History 类之外的模块中实现，这些模块理解特定类型的可撤销操作。文本类可以实现 UndoableInsert 和 UndoableDelete 对象来描述文本的插入和删除。每当插入文本时，文本类都会创建一个新的 UndoableInsert 对象来描述插入行为，并调用 History.addAction 将其添加到历史列表中。编辑器的用户界面代码可能会创建 UndoableSelection 和 UndoableCursor 对象，用于描述选择区域和插入光标的变化。

　　History 类还允许对操作进行分组，例如，用户的一个撤销请求可以恢复已删除的文本、重新选择已删除的文本并重新定位插入光标。为了实现分组，History 类使用了栅栏（fence），它是放置在历史列表中的标记，用于分隔相关的操作组。每次调用 History.redo 都会在历史列表中向后移动，撤销操作，直到到达下一个栅栏。栅栏的位置由高层代码通过调用 History.addFence 来决定。

　　这种方法将撤销功能分为如下 3 类，每一类都在不同的地方实现。

- 用于管理和分组操作以及调用撤销 / 重做操作的通用机制（由 History 类实现）。

- 特定操作的具体细节（由各种类实现，每个类都能理解少量操作类型）。

- 操作分组策略（由高级用户界面代码实现，以提供正确的整体应用程序行为）。

这 3 类中的每一类都可以在不了解其他类别的情况下实现。History 类不知道正在撤销的操作类型；它可用于各种应用程序。每个操作类只了解一种操作，History 类和操作类都不需要了解操作分组策略。

关键的设计决策是将撤销机制的通用部分与专用部分分开，为通用部分创建一个单独的类，并将专用部分下推到 History.Action 的子类中。一旦这样做，剩下的设计自然就水到渠成了。

注意：将通用代码与专用代码分开的建议指的是与特定机制相关的代码。例如，专用撤销代码（如撤销文本插入的代码）应与通用撤销代码（如管理历史列表的代码）分开。然而，将一种机制的专用代码与另一种机制的通用代码结合起来可能是有意义的。文本类就是一个例子：它实现了管理文本的通用机制，但也包含了与撤销相关的专用代码。撤销代码是专用的，因为它只处理文本修改的撤销操作。将这些代码与 History 类中的通用撤销基础设施结合起来是不合理的，但将其放在文本类中却是合理的，因为它与其他文本功能密切相关。

6.8　消除代码中的特例

到目前为止，我一直在讨论类和方法设计中的专用性。另一种形式的专用性出现在方法体的代码中，即特例。特例会导致代码中充斥着 if 语句，使代码难以理解并容易出现错误。因此，应尽可能消除特例。最好的办法是在设计正常情况时自动处理边缘条件，而不需要任何额外的代码。

在文本编辑器项目中，学生必须实现选择文本和复制或删除选择区域的机制。大多数学生在他们的选择区域实现中引入了一个状态变量来表示选择区域是否存在。他们之所以采用这种方法，可能是因为有时屏幕上看不到选择区域，因此在实现过程中表示这一概念似乎很自然。然而，这种方法导致了大量的检查，以检测"无选择区域"条件并进行特殊处理。

可以通过消除"无选择区域"特例来简化选择区域处理代码，从而使选择区域始终存在。当屏幕上没有可见的选择区域时，可以在内部用一个空选择区域来表示，其起始位置和结束位置是相同的。使用这种方法，在编写选择区域管理代码时，无须对"无选择区域"进行任何检查。在复制选择区域时，如果选择区域是空的，就会在新位置插入 0 字节；如果执行得当，就无须将 0 字节作为特殊情况进行检查。同样，在设计删除选择区域的代码时，也可以不进行任何特殊情况检查，直接处理空选择区域。考虑一个全在一行中的选择区域。删除该选择区域时，提取选择区域前一行的部分内容，然后与选择区域后一行的部分内容连接，形成新的行。如果选择区域为空，这种方法将重新生成原来的行。

第 10 章将讨论异常（这会产生更多特例），以及如何减少必须处理异常的位置。

6.9　结论

不必要的专用性，无论是以专用类和专用方法的形式，还是以代码中的特例的形式出现，都是造成软件复杂性的重要原因。专用性不可能完全消除，但通过良好的设计，你应该可以大大减少专用性，并将专用代码与通用代码分离开来。这将导致更深的类、更好的信息隐藏，以及更简单、更明显的代码。

第 7 章　不同层，不同抽象

软件系统是分层的，高层使用低层提供的设施。在设计良好的系统中，每一层都提供了与上下各层不同的抽象；一个操作在各层上下移动，如果你通过调用方法来跟踪，那么每一次方法调用都会改变抽象。例如以下两种情况。

- 在文件系统中，最上层实现了文件抽象。文件由长度可变的字节数组组成，可通过读写长度可变的字节范围进行更新。文件系统的下一层在内存中，实现了对固定大小磁盘块的缓存；调用者可以认为，经常使用的磁盘块将驻留在内存中，以便快速访问。最底层由设备驱动程序组成，在二级存储设备和内存之间移动数据块。

- 在网络传输协议（如 TCP）中，最上层提供的抽象是将字节流从一台机器可靠地传输到另一台机器。这一层建立在下一层之上，下一层尽最大的努力在机器之间传输大小受限的数据包：大多数数据包都能成功传送，但有些数据包可能会丢失或传送顺序有误。

如果一个系统包含具有类似抽象的相邻层，就意味着类分解出现了问题。本章将讨论发生这种事情的各种情况、所导致的问题，以及如何重构以消除问题。

7.1 直通方法

当相邻层具有相似的抽象时，问题往往会以"直通方法"（pass-through method）的形式表现出来。所谓直通方法，是指除了调用另一个方法（其签名与调用方法的签名相似或相同），几乎不做其他事情的方法。例如，一个学生项目实现了 GUI 文本编辑器，包含一个几乎完全由直通方法组成的类。下面是该类的部分代码：

```java
public class TextDocument ... {
    private TextArea textArea;
    private TextDocumentListener listener;
    ...
    public Character getLastTypedCharacter() {
        return textArea.getLastTypedCharacter();
    }
    public int getCursorOffset() {
        return textArea.getCursorOffset();
    }
    public void insertString(String textToInsert,
            int offset) {
        textArea.insertString(textToInsert, offset);
    }
    public void willInsertString(String stringToInsert,
            int offset) {
        if (listener != null) {
            listener.willInsertString(this, stringToInsert, offset);
        }
    }
    ...
}
```

该类共有 15 个公有方法，其中有 13 个是直通方法。

📖 警示信号：直通方法

直通方法是指除了将参数传递给另一个方法（通常与直通方法的 API 相同），其他什么也不做的方法。这通常表明类之间没有明确的职责划分。

直通方法使类变得更浅：它们增加了类的接口复杂性，从而增加了复杂性，但并没有增加系统的总体功能。在上述 4 个方法中，只有最后一个方法具有一点功能，并且即使这点功能也是微不足道的：该方法检查一个变量的有效性。直通方法还会在类之间产生依赖关系：如果 TextArea 中的 insertString 方法的签名发生变化，那么 TextDocument 中的 insertString 方法也必须随之变化。

直通方法表明类之间的职责划分混乱。在上面的示例中，TextDocument 类提供了一个 insertString 方法，但插入文本的功能却完全在 TextArea 中实现。这通常是个坏主意：一个功能的接口应该在实现该功能的同一个类中。当你看到从一个类到另一个类的直通方法时，请考虑一下这两个类，并问自己："这些类究竟各自负责哪些特性和抽象？"你可能会注意到，这两个类之间存在职责重叠。

解决的办法是重构这些类，使每个类都有一套独特而一致的职责。图 7.1 展示了几种方法。其中一种方法如图 7.1（b）所示，是将低级类直接暴露给高级类的调用者，从而消除高级类对该特性的所有职责。另一种方法是在类之间重新分配功能，如图 7.1（c）所示。最后，如果无法将这些类分开，最好的解决办法可能是合并它们，如图 7.1（d）所示。

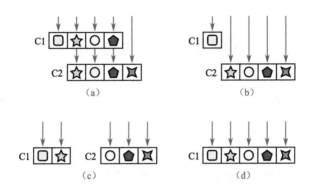

图 7.1　直通方法。在（a）中，类 C1 包含 3 个直通方法，它们除了调用 C2 中具有相同签名的方法（每个符号代表一个特定的方法签名），什么也不做。要消除直通方法，可以让 C1 的调用者直接调用 C2，如（b）；也可以在 C1 和 C2 之间重新分配功能，避免类之间的调用，如（c）；还可以合并类，如（d）

在上面的示例中，有 3 个类的职责相互交织，它们是 TextDocument、TextArea 和 TextDocumentListener。该学生通过在类之间移动方法，将 3 个类合并为两个类，消除了直通方法，让职责区分得更加清楚。

7.2　接口重复何时可行？

拥有相同签名的方法并不总是坏事。重要的是，每个新方法都应贡献重要的功能。直通方法是不好的，因为它们没有贡献任何新功能。

一个方法调用另一个具有相同签名的方法有时是有用的，比如调度器（dispatcher）。调度器是一种方法，它使用参数从其他几个方法中选择一个来调用，然后将大部分或全部参数传递给所选的方法。调度器的签名通常与其调用的方法的签名相同。即便如此，调度器还是提供了有用的功能：它可以从其他几个方法中选择执行每个任务的方法。

例如，当网络服务器收到网络浏览器传入的 HTTP 请求时，它会调用一个调度器，该调度器会检查传入请求中的 URL，并选择特定的方法来处理请求。有些 URL 可能通过返回磁盘上的文件内容来处理，有些则可能通过调用 PHP 或 JavaScript 等语言中的过程来处理。调度过程可能相当复杂，通常由一组规则来驱动，它们匹配传入的 URL。

只要每个方法都能提供有用且独特的功能，那么多个方法具有相同的签名也是可以的。调度器调用的方法就具有这种特性。另一个例子是具有多个实现的接口，例如操作系统中的磁盘驱动器。每个驱动程序都为不同类型的磁盘提供支持，但它们都具有相同的接口。当多个方法提供同一接口的不同实现时，就会减少认知负担。一旦你掌握了其中一种方法，再学习其他方法就会变得更加容易，因为你不需要学习新的接口。类似的方法通常位于同一层，它们不会相互调用。

7.3 装饰器

装饰器（decorator，也称"包装器"，wrapper）是一种鼓励跨层重复 API 的设计模式。装饰器对象使用现有对象并扩展其功能；它提供与底层对象相似或相同的 API，其方法调用底层对象的方法。在第 4 章的 Java I/O 示例中，BufferedInputStream 类就是一个装饰器：在给定 InputStream 对象的情况下，它提供了相同的 API，但引入了缓冲。例如，当调用其 read 方法读取单个字符时，它会调用底层 InputStream 的

read 方法读取更大的数据块，并保存多余的字符以满足未来的 read 调用。另一个例子出现在窗口系统中：Window 类实现了一种不可滚动的简单窗口形式，而 ScrollableWindow 类则通过添加水平和垂直滚动条来装饰 Window 类。

使用装饰器的动机是将类的特殊用途扩展与更通用的核心分离开来。然而，装饰器类往往很浅：它们为少量的新功能引入了大量的重复引用。装饰器类通常包含许多直通方法。装饰器模式很容易被过度使用，为每一个小的新特性创建一个新类。这会导致浅类的激增，例如 Java I/O 示例。

在创建装饰器类之前，请考虑以下替代方法。

- 能否直接将新功能添加到底层类中，而不是创建一个装饰器类？如果新功能相对通用，或者在逻辑上与底层类相关，或者底层类的大多数用途也将使用新功能，那么这样做是合理的。例如，几乎每个创建 Java 的 InputStream 的人都会同时创建 BufferedInputStream，而缓冲是 I/O 的自然组成部分，因此这些类应该合并。

- 如果新功能是针对特定使用场景专门设计的，那么将它与使用场景合并，而不是创建一个单独的类，这样是否合理？

- 能否将新功能与现有的装饰器合并，而不是创建一个新的装饰器？这样就会产生一个较深的装饰器类，而不是多个较浅的装饰器类。

- 最后，问问自己新功能是否真的需要封装现有功能：能否将它作为独立于基类的单个类来实现？在窗口示例中，滚动条也许可以与主窗口分开实现，而无须封装其所有现有功能。

在某些情况下，装饰器是有意义的。例如，系统使用的外部类的接口不能修改，但在使用该类的应用程序中，该类必须符合不同的接口。在这种情况下，可以使用装饰器类在接口之间进行转换。不过，这种情况很少见；通常有比使用装饰器类更好的替代方法。

7.4　接口与实现

"不同层，不同抽象"规则的另一个应用是，类的接口通常应不同于其实现：内部使用的表示法应不同于接口中出现的抽象。如果两者的抽象相似，那么这个类可能就不是很深。例如，在第 6 章讨论的文本编辑器项目中，大多数团队都是以文本行来实现文本模块的，每一行都单独存储。有些团队还围绕行设计了文本类的 API，使用了 getLine 和 putLine 等方法。然而，这导致文本类变浅和难以使用。在高级用户界面代码中，在行中间插入文本（例如，当用户正在输入时）或删除的文本范围跨行，都是很常见的。由于文本类的 API 是面向行的，调用者不得不拆分和连接行来实现用户界面操作。这些代码不简单，而且重复和分散在用户界面的实现过程中。

当文本类提供面向字符的接口时，使用起来就容易多了，例如 insert 方法可以在文本的任意位置插入任意文本字符串（可能包括换行符），delete 方法可以删除文本中两个任意位置之间的文本。在内部，文本仍以行来表示。面向字符的接口将行间分割和连接的复杂性封装在文本类中，从而使文本类更深，并简化了使用该类的高层代码。采用这种方法后，文本 API 与面向行的存储机制截然不同；这种差异体现了类所提供的有价值的功能。

7.5 直通变量

另一种跨层 API 重复的形式是直通变量（pass-through variable），即通过一长串方法向下传递的变量。图 7.2（a）展示了一个数据中心服务的示例。命令行参数描述用于安全通信的证书。只有调用库方法打开套接字的底层方法 m3 才需要这些信息，但这些信息会通过 main 和 m3 之间路径上的所有方法传递下去。cert 变量出现在每个中间方法的签名中。

直通变量增加了复杂性，因为它们迫使所有中间方法都意识到变量的存在，尽管这些方法并不会用到这些变量。此外，如果出现一个新变量（例如，系统最初构建时不支持证书，但后来决定添加该支持），则可能需要修改大量接口和方法，以便通过所有相关路径传递该变量。

消除直通变量可能具有挑战性。一种方法是查看最上面和最下面的方法之间是否已经共享了一个对象。在图 7.2 的数据中心服务示例中，也许有一个对象包含网络通信的其他信息，main 和 m3 都可以使用该对象。如果是这样，main 可以将证书信息存储在该对象中，这样就不需要通过到 m3 的路径上的所有方法了［见图 7.2（b）］。然而，如果存在这样一个对象，那么它本身可能就是一个直通变量（否则 m3 如何访问它？）。

另一种方法是将信息存储在全局变量中，如图 7.2（c）所示。这避免了在方法间传递信息的需要，但全局变量几乎总是会带来其他问题。例如，全局变量会导致无法在同一进程中创建同一系统的两个独立实例，因为对全局变量的访问会发生冲突。在生产中需要多个实例似乎不太可能，但它们在测试中往往很有用。

我最常用的解决方案是引入上下文对象，如图 7.2（d）所示。上下文存储了应用程序的所有全局状态（任何原本属于直通变量或全局变量的内容）。大多数应用程序的全局状态都包含多个变量，如配置选项、共享子系统和性能计数器等。每个系统实例都有一个上下文对象。上下文允许多个系统实例共存于一个进程中，每个实例都有自己的上下文。

遗憾的是，很多地方都可能需要使用上下文，因此它有可能成为一个直通变量。为了减少必须知道上下文的方法的数量，可以在系统的大多数主要对象中保存对上下文的引用。在图 7.2（d）的示例中，包含 m3 的类将上下文引用作为实例变量保存在其对象中。创建新对象时，创建方法会从其对象中检索上下文引用，并将其传递给新对象的构造函数。通过这种方法，上下文在任何地方都可用，但它只在构造函数中作为显式参数出现。

上下文对象统一了对所有系统全局信息的处理，消除了对直通变量的需求。如果需要添加新变量，可以将其添加到上下文对象中；除上下文的构造函数和析构函数，现有代码不会受到任何影响。因为系统的全局状态都存储在一个地方，所以上下文可以轻松识别和管理系统的全局状态。上下文还便于测试：测试代码可以通过修改上下文中的字段来改变应用程序的全局配置。如果系统使用的是直通变量，就很难实现这种更改。

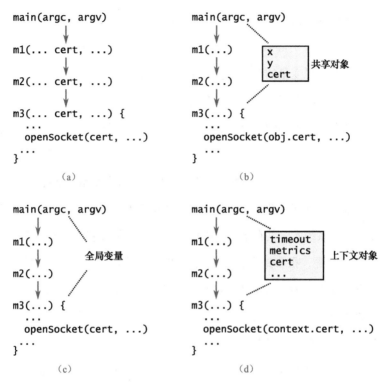

图7.2　处理直通变量的可能技巧。在（a）中，cert 通过方法 m1 和 m2 传递，尽管它们并不使用它。在（b）中，main 和 m3 共享对象的访问权限，因此变量可以存储在该对象中，而不是通过 m1 和 m2 传递。在（c）中，cert 被存储为全局变量。在（d）中，cert 与其他系统信息（如超时值和性能计数器）一起存储在上下文对象中；上下文的引用存储在所有需要访问它的方法的对象中

　　上下文远非理想的解决方案。存储在上下文中的变量具有全局变量的大部分缺点；例如，可能不清楚为什么会出现某个变量，或者它被用在哪里。如果不加约束，上下文可能会变成一个巨大的数据杂物袋，在整个系统中产生不明显的依赖关系。上下文还可能产生线程安全问题；避免问题的最佳方法是上下文中的变量不可变。遗憾的是，我还没有找

到比上下文更好的解决方案。

7.6　结论

　　每增加一个系统的设计基础，如接口、参数、函数、类或定义，都会增加系统的复杂性，因为开发者必须了解这个元素。为了使一个元素能够带来净复杂性收益，它必须消除一些在没有设计元素时会出现的复杂性。否则，在实现系统时最好不要使用该元素。例如，一个类可以通过封装功能来降低复杂性，这样类的用户就不需要知道这些功能。

　　"不同层，不同抽象"的规则只是这一思想的一种应用：如果不同层具有相同的抽象，例如直通方法或装饰器，那么很有可能它们没有提供足够的收益来补偿它们所展示的额外基础结构。同样，直通参数要求多个方法中的每个方法都意识到它们的存在（这会增加复杂性），却不会带来额外的功能。

第 8 章　降低复杂性

本章将介绍另一种创建深类的思路。假设你在开发一个新模块时，发现了一个无法避免的复杂性问题，是让模块的用户来处理复杂性，还是在模块内部处理复杂性？如果复杂性与模块提供的功能有关，那么后面这个答案通常是正确的。大多数模块的用户多于开发者，因此让开发者辛苦比让用户辛苦更好。作为模块开发者，你应该努力让模块用户尽可能轻松地使用你的模块，即使这意味着你要承担额外的工作。这一观点的另一种表达方式是，模块拥有一个简单的接口比拥有一个简单的实现更为重要。

作为开发者，很容易采取相反的行为方式：解决简单的问题，把困难的问题推给别人。如果出现无法确定如何处理的情况，最简单的办法就是抛出异常，让调用者处理。如果你不确定要实施什么策略，可以定义一些配置参数来控制策略，然后让系统管理员来确定这些参数的最佳值。

诸如此类的方法在短期内会让你的生活更轻松，但它们会放大复杂性，因此必须有很多人来处理问题，而不是只有一个人。例如，如果一个类抛出异常，那么该类的每个调用者都必须处理这个异常。如果一个类导出了配置参数，那么每个安装程序中的每个系统管理员都必须学习如何设置这些参数。

8.1 示例：编辑器文本类

考虑一下为图形用户界面的文本编辑器管理文件文本的类，我们在第 6 章和第 7 章讨论过。该类提供了将文件从磁盘读入内存、查询和修改内存中的文件副本以及将修改后的版本写回磁盘的方法。当学生们需要实现这个类时，他们中的许多人选择了面向行的接口，并提供了读取、插入和删除整行文本的方法。这样做的结果是类的实现很简单，但却给更高层次的软件带来了复杂性。在用户界面层面，操作很少涉及整行。例如，按键会导致在现有行中插入单个字符；复制或删除选中的内容会修改多个不同行的部分内容。在面向行的文本接口中，高层软件必须拆分和连接行，才能实现用户界面。

以字符为导向的接口（如 6.3 节所述）会降低复杂性。用户界面软件现在可以插入和删除任意范围的文本，而无须拆分和合并行，因此变得更加简单。文本类的实现可能会变得更加复杂：如果它在内部将文本表示为行的集合，就必须拆分和合并行来实现面向字符的操作。这种方法更好，因为它将拆分和合并的复杂性封装在文本类中，从而降低了系统的整体复杂性。

8.2 示例：配置参数

配置参数是增加复杂性而不是降低复杂性的一个例子。一个类可以暴露一些控制其行为的参数，如缓存的大小或放弃请求前重试的次数，而不是在内部决定特定的行为。然后，类的用户必须为参数指定适当的值。如今，配置参数在系统中非常流行；有些系统有数百个配置参数。

　　支持者认为，配置参数之所以好，是因为它们允许用户根据自己的特定需求和工作负载调整系统。在某些情况下，底层基础架构代码很难知道应采用哪种最佳策略，而用户对自己的领域却要熟悉得多。例如，用户可能知道某些请求比其他请求时间更紧迫，因此用户可以为这些请求指定更高的优先级。在这种情况下，配置参数可以在更广泛的领域中实现更好的性能。

　　然而，配置参数也提供了一个简单的接口，避免处理重要问题并将其转交给他人。在许多情况下，用户或管理员很难或不可能确定参数的正确值。而在其他情况下，只需在系统实现过程中多做一点工作，就能自动确定正确的参数值。考虑一个必须处理丢失数据包的网络协议。如果它发送了一个请求，但在一定时间内没有收到响应，它就会重新发送请求。确定重试间隔的一种方法是引入一个配置参数。不过，传输协议可以自己计算出一个合理的值，方法是测量成功请求的响应时间，然后使用其倍数作为重试间隔。这种方法可降低复杂性，并使用户不必自行计算正确的重试间隔。它的另一个优势是可以动态计算重试间隔，因此在运行条件发生变化时会自动调整。相比之下，配置参数很容易过时。

　　因此，应尽量避免使用配置参数。在导出配置参数之前，先问问自己：“用户（或上一级模块）能否确定一个比我们在这里确定的更好的值？”在创建配置参数时，看看能否提供合理的默认值，这样用户只需在特殊情况下提供值。理想情况下，每个模块都应完全解决问题；配置参数会导致解决方案不完整，从而增加系统的复杂性。

8.3　过犹不及

降低复杂性要慎重，因为很容易做过头。一种极端的做法是将整个应用程序的所有功能降低到一个类中，这显然是不合理的。在以下情况下，降低复杂性是最合理的：（a）降低的复杂性与类的现有功能密切相关；（b）降低复杂性将导致应用程序其他部分的简化；（c）降低复杂性将简化类的接口。请记住，我们的目标是最大限度地降低整个系统的复杂性。

第6章介绍了一些学生如何在文本类中定义反映用户界面的方法，例如实现退格键功能的方法。这似乎是件好事，因为它可以降低复杂性。然而，将用户界面知识添加到文本类中并不能大大简化高层代码，而且用户界面知识与文本类的核心功能无关。在这种情况下，降低复杂性只会导致信息泄露。

8.4　结论

在开发模块时，寻找机会让自己多辛苦一点，以减少用户的辛苦。

第 9 章　合并好，还是分开好？

软件设计中的基本问题之一：给定两个功能片段，它们是应该在同一个地方一起实现，还是应该分开实现？这个问题适用于系统的各个层次，如函数、方法、类和服务。例如，缓冲功能应该包含在提供面向流的文件 I/O 的类中，还是应该放在单独的类中？对 HTTP 请求的解析应该完全在一个方法中实现，还是应该在多个方法（甚至多个类）中实现？本章将讨论在做出这些决定时需要考虑的因素。其中一些因素已在前面几章中讨论过，但为了完整，这里将再次讨论。

在决定合并还是分开实现时，目标是降低整个系统的复杂性，提高其模块化程度。看起来，似乎实现这一目标的最佳方式就是将系统划分为大量的小组件：组件越小，每个单独的组件就可能越简单。然而，细分的行为会产生更多的复杂性，而这些复杂性在细分之前是不存在的。

- 有些复杂性仅仅来自组件的数量：组件越多，就越难跟踪所有组件，也越难在庞大的组件集合中找到所需的组件。细分通常会产生更多的接口，而每增加一个新接口都会增加复杂性。

- 细分可能会产生额外的代码来管理组件。例如，细分前使用单一对象的代码现在可能需要管理多个对象。

- 细分会造成分离：细分后的组件之间的距离会比细分前更远。例如，细分前在一个类中的方法，细分后可能会在不同的类中，甚至可能在不同的文件中。分开实现使得开发者很难同时看到这些组件，甚至很难意识到它们的存在。如果组件是真正独立的，那么分开实现就是好事：它允许开发者一次只关注一个组件，而不会被其他组件干扰。另一方面，如果组件之间存在依赖关系，那么分开实现就是坏事：开发者最终会在组件之间来回翻看。更糟糕的是，他们可能无法意识到这些依赖关系，从而导致错误。

- 细分可能导致重复：细分前存在于单个实例中的代码，可能需要出现在每个细分组件中。

如果代码片段之间关系密切，那么将它们整合在一起是最有益的。如果两段代码互不相关，则最好分开处理。以下是两段代码相关的一些迹象。

- 它们共享信息，例如，两段代码可能都依赖于特定类型文档的语法结构。

- 它们被一起使用：使用其中一段代码的人很可能也会使用另一段代码。这种形式的关系只有在双向的情况下才有说服力。举个反例，磁盘块缓存几乎总是涉及哈希表，但哈希表可以用于许多不涉及块缓存的情况。因此，这些模块应该是独立的。

- 从概念上讲，这两个模块是重叠的，因为有一个简单的高层类别包含了这两部分代码。例如，搜索子串和大小写转换都属于字符串操作范畴；流量控制和可靠传输都属于网络通信范畴。

- 不看其中一段代码，就很难理解另一段代码。

本章后面将使用更具体的规则和示例，来说明何时应将代码片段合并在一起，何时应将它们分开。

9.1 如果共享信息，则合并

5.4 节以实现一个 HTTP 服务器项目为例介绍了这一原则。在首次实现中，该项目在不同的类中使用了两种不同的方法来读取和解析 HTTP 请求。第一种方法从网络套接字读取传入请求的文本，并将其放入一个字符串对象中。第二种方法对字符串进行解析，以提取请求的各个组成部分。通过这种分解，两种方法最终都需要掌握相当多的有关 HTTP 请求格式的知识：第一种方法只试图读取请求，而不是解析请求，但如果不做大部分解析工作，它就无法识别请求的结尾（例如，它必须解析报头行，才能识别包含整个请求长度的报头）。因为这些共享信息，读取和解析请求的工作最好都在同一个地方进行；当这两个类合二为一时，代码就变得更短、更简单了。

9.2 如果可以简化接口，则合并

当两个或两个以上的模块合并为一个模块时，有可能为新模块定义的接口比原来模块的接口更简单或更容易使用。在原来模块各自实现某个问题的部分解决方案时，通常会发生这种情况。在 9.1 节的 HTTP 服务器示例中，原来的方法需要一个接口来从第一个方法返回 HTTP 请求字符串，并将其传递给第二个方法。方法合并后，这些接口就取消了。

　　此外，当两个或更多类的功能结合在一起时，有可能自动执行某些功能，因此大多数用户不需要意识到这些功能。Java I/O 库就说明了这一点。如果将 FileInputStream 类和 BufferedInputStream 类合并，并默认提供缓冲功能，那么绝大多数用户甚至无须知道缓冲功能的存在。合并后的 FileInputStream 类可能会提供禁用或替换默认缓冲机制的方法，但大多数用户并不需要了解这些方法。

9.3　消除重复，则合并

> **⚑ 警示信号：重复**
>
> 　　如果重复出现同一段代码（或几乎相同的代码），就说明你还没有找到正确的抽象。

　　如果发现有相同模式的代码重复出现，看看能否重新组织代码以消除重复。一种方法是将重复代码分解为一个单独的方法，并用对该方法的调用来替换重复代码段。如果重复代码段很长，而替换方法的签名很简单，那么这种方法最有效。如果代码片段只有一两行长，用方法调用来替换它可能不会有太大的好处。如果代码段与环境的交互方式复杂（如访问大量局部变量），那么替换方法可能需要复杂的签名（如许多按引用传递的参数），这将降低其价值。

　　消除重复的另一种方法是重构代码，使相关代码段只需在一处执行。假设你正在编写一个需要在多个不同位置返回错误的方法，而在返回之前需要在每个位置执行相同的清理操作（示例见图 9.1）。如果编程语言支持 goto，你可以将清理代码移到方法的最末端，然后在需要返回错误的每个位置上对该代码段执行 goto 语句，如图 9.2 所示。goto 语句通常被认为是一个坏主意，如果不加区分地使用，可能会导致代码难以解读，但在这种情况下，goto 语句还是很有用的，它们可以用来摆脱嵌套代码。

```
switch (common->opcode){
    case DATA: {
        DataHeader* header = received->getStart<DataHeader>();
        if (header == NULL) {
            LOG(WARNING, "%s packet from %s too short (%u bytes)",
                    opcodeSymbol(common->opcode),
                    received->sender->toString(),
                    received->len);
            return;
        }
        ...
    case GRANT: {
        GrantHeader* header = received->getStart<GrantHeader>();
        if (header == NULL) {
            LOG(WARNING, "%s packet from %s too short (%u bytes)",
                    opcodeSymbol(common->opcode),
                    received->sender->toString(),
                    received->len);
            return;
```

图 9.1　这段代码处理不同类型的传入网络数据包；对于每种类型，如果数据包对于该类型来说太短，就会记录一条日志信息。在这一版本的代码中，对几种不同类型的数据包，LOG 语句是重复的

```
        }
        ...
    case RESEND: {
        ResendHeader* header = received->getStart<ResendHeader>();
        if (header == NULL) {
            LOG(WARNING, "%s packet from %s too short (%u bytes)",
                    opcodeSymbol(common->opcode),
                    received->sender->toString(),
                    received->len);
            return;
        }
        ...
    }
```

图9.1　这段代码处理不同类型的传入网络数据包；对于每种类型，如果数据包对于该类型来说太短，就会记录一条日志信息。在这一版本的代码中，对几种不同类型的数据包，LOG语句是重复的（续）

```
    switch (common->opcode) {
        case DATA: {
            DataHeader* header = received->getStart<DataHeader>();
            if (header == NULL)
                goto packetTooShort;
            ...
        case GRANT: {
            GrantHeader* header = received->getStart<GrantHeader>();
            if (header == NULL)
                goto packetTooShort;
            ...
        case RESEND: {
            ResendHeader* header = received->getStart<ResendHeader>();
```

图9.2　对图9.1中的代码进行重组，使LOG语句只有一个副本

```
        if (header == NULL)
            goto packetTooShort;
        ...
    }
    ...
packetTooShort:
LOG(WARNING, "%s packet from %s too short (%u bytes)",
        opcodeSymbol(common->opcode),
        received->sender->toString(),
        received->len);
return;
```

图 9.2　对图 9.1 中的代码进行重组，使 LOG 语句只有一个副本（续）

9.4　区分通用代码和专用代码

如果一个模块包含一种可用于多种不同用途的机制，那么它应只提供这一种通用机制。模块中不应包含为特定用途提供专用机制的代码，也不应包含其他通用机制。与通用机制相关的专用代码通常应放在不同的模块中（通常是与特定用途相关的模块）。第 6 章中关于图形用户界面编辑器的讨论说明了这一原则：最佳设计是文本类提供通用文本操作，而用户界面的特殊操作（如删除选择区域）则在用户界面模块中实现。这种方法消除了信息泄露和额外的接口，而在早期的设计中，专用的用户界面操作是在文本类中实现的。

> ▉ **警示信号：专用 – 通用混合**
>
> 如果通用机制也包含一些专用代码，针对该机制的特定用途，就会出现这种警示信号。这会使该机制变得更加复杂，并在机制和特定使用场景之间造成信息泄露：未来对使用场景的修改很可能也需要对底层机制进行修改。

9.5　示例：插入光标和选择区域

接下来将通过两个示例来说明上述原则。在第一个示例中，最好的方法是将相关代码分开；在第二个示例中，最好将它们连接在一起。

第一个示例包括第 6 章中 GUI 编辑器项目中的插入光标和选择区域。编辑器会显示一条闪烁的竖线，指示用户输入的文本将出现在文档中的哪个位置。它还会显示一个突出显示的字符范围，称为选择区域，用于复制或删除文本。插入光标始终可见，但有时是没有选定文本的。如果存在选择区域，插入光标总是位于选择区域的一端。

选择区域和插入光标在某些方面是相关的。例如，光标总是位于选择区域的一端，而且光标和选择区域往往是一起操作的：单击和拖动鼠标会同时设置这两个对象，而插入文本首先会删除选中的文本（如果有），然后在光标位置插入新文本。因此，使用一个对象来管理选择区域和光标似乎是合乎逻辑的，一个项目团队就采用了这种方法。该对象存储了文件中的两个位置，以及表示哪一端是光标和是否存在选择区域的布尔值。

然而，这种组合对象非常别扭。它没有为高层代码带来任何好处，因为高层代码仍然需要将选择区域和光标视为不同的实体，并分别对它们进行操作（在插入文本时，首先调用组合对象上的一个方法来删除选中的文本；然后调用另一个方法来检索光标位置，以便插入新文本）。实际上，组合对象的实现比单独对象的实现更复杂。它无须将光标位置存储为一个单独的实体，而是必须存储一个布尔值，用于指示光标位于选择区域的哪一端。为了检索光标位置，组合对象必须首先测试该布尔值，然后选择适当的选择区域一端。

　　在这种情况下，选择区域和光标之间的关系不够紧密，因此无法将两者结合起来。当修改代码将选择区域和光标分开后，使用和实现都会变得简单。与必须从中提取选择区域和光标信息的组合对象相比，单独对象提供了更简单的接口。光标的实现也变得更简单，因为光标位置是直接表示的，而不是通过选择区域和布尔值间接表示。事实上，在改进版本的代码中，选择区域和光标都没有使用专用类。而是引入了一个新的 Position 类来表示文件中的位置（行号和行内字符）。选择区域用两个 Position 表示，光标用一个 Position 表示。Positions 在项目中还有其他用途。该示例还展示了较低层但更通用的接口的好处，第 6 章对此进行了讨论。

9.6　示例：单独的日志类

　　第二个示例涉及一个学生项目中的错误日志。一个类包含如下代码序列：

```
try {
    rpcConn = connectionPool.getConnection(dest);
```

```
    } catch (IOException e) {
        NetworkErrorLogger.logRpcOpenError(req, dest, e);
        return null;
    }
```

不是在检测到错误时记录错误日志，而是调用一个专用错误日志类中的单独方法。错误日志类定义在同一源文件的末尾：

```
private static class NetworkErrorLogger {
    /**
     * Output information relevant to an error that occurs when trying
     * to open a connection to send an RPC.
     *
     * @param req
     *      The RPC request that would have been sent through
     *      the connection
     * @param dest
     *      The destination of the RPC
     * @param e
     *      The caught error
     */
    public static void logRpcOpenError(RpcRequest req,
            AddrPortTuple dest, Exception e) {
        logger.log(Level.WARNING, "Cannot send message: " + req +
            ". \n" + "Unable to find or open connection to " +
            dest + " :" + e);
    }
    ...
}
```

NetworkErrorLogger 类包含多个方法，如 logRpcSendError 和 logRpcReceiveError，每个方法记录不同类型的错误。

这种分开实现增加了复杂性，却没有任何好处。日志方法是浅的：大多数只有一行代码，但却需要大量的文档。每个方法只能在一个地方调用。日志方法高度依赖于其调用：阅读调用的人很可能会翻看日志方法，以确保记录的信息是正确的；同样，阅读日志方法的人很可能会翻看调用位置，以了解该方法的目的。

在本例中，最好取消日志方法，将日志语句放在检测到错误的位置。这将使代码更易于阅读，并消除日志方法所需的接口。

9.7　拆分和连接方法

何时拆分的问题不仅适用于类，也适用于方法：有时候需要考虑是否最好将现有方法拆分成多个较小的方法；或者，是否应该将两个较小的方法合并为一个较大的方法。长方法往往比短方法更难理解，因此很多人认为，长度就是拆分方法的好理由。在课堂上，学生们经常会被灌输一些死板的标准，比如"任何超过 20 行代码的方法都要拆分！"。

然而，长度本身并不是拆分方法的好理由。一般来说，开发者倾向于过多地拆分方法。拆分方法会引入额外的接口，从而增加复杂性。拆分方法还会分离原来方法的各个部分，如果这些部分实际上是相关的，则会使代码更难阅读。除非拆分方法能让整个系统变得更简单，否则不应该拆分方法。下面我将讨论如何拆分方法。

长方法并不总是坏事。例如，假设一个方法包含 5 个 20 行的代码块，它们按顺序执行。如果这些代码块相对独立，那么该方法就是可读的、可理解的，只要一次读一个代码块即可；此时将每个代码块移到一个单独的方法中并没有什么好处。如果代码块之间有复杂的交互，那么将它们放在一起就更加重要了，这样读者就能一次性看到所有代码；如果每个代码块都放在一个单独的方法中，读者就必须在这些分散的方法之间来回翻看，才能理解它们是如何协同工作的。包含数百行代码的方法只要签名简单、易于阅读就可以了。这些方法是深的（功能很多，接口简单），这很好。

设计方法时，最重要的目标是提供简洁的抽象。每个方法只做一件事，而且要做得完整。方法应该有一个简单的接口，这样用户不需要了解太多信息就能正确使用它。方法应该是深的：它的接口应该比它的实现简单得多。如果一个方法具备所有这些特性，那么它是否很长可能就无关紧要了。

只有在总体上能带来更简洁的抽象时，拆分方法才有意义。有两种方式可以做到这一点，如图 9.3 所示。最好的方式是将子任务分解为一个单独的方法，如图 9.3（b）所示。细分的结果是一个包含子任务的子方法和一个包含原来方法剩余部分的父方法；父方法调用子方法。新父方法的接口与原来方法相同。如果有一个子任务可以与原来方法的其余部分完全分离，这种细分就有意义，这意味着：（a）阅读子方法的人不需要知道父方法的任何信息；（b）阅读父方法的人不需要了解子方法的实现。通常，这意味着子方法是相对通用的：可以想象，除了父方法，其他方法也可以使用它。如果你进行了这种形式的拆分，然后发现自己需要在父方法和子方法之间来回翻看，以了解它们是如何协同工作的，这就是一个警示信号（连体方法，Conjoined Methods），表明拆分可能是个坏主意。

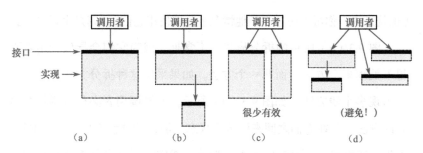

图9.3　一个方法（a）可以通过提取子任务（b）或将其功能分成两个独立的方法（c）来拆分。如果拆分一个方法会导致一些浅方法，如（d），则不应拆分

🚩 警示信号：连体方法

每个方法都应该可以独立理解。如果不理解一个方法的实现，就无法理解另一个方法的实现，这就是警示信号。这种警示信号也可能出现在其他情况下：如果两段代码物理上是分开的，但只有通过查看另一段代码才能理解其中一段代码，这就是警示信号。

拆分方法的第二种方式是将其拆分成两个独立的方法，每个方法都对原来方法的调用者可见，如图 9.3（c）所示。如果原来方法的接口过于复杂，是因为它试图做多件并不密切相关的事情，那么这种方法是合理的。如果是这种情况，可以将该方法的功能划分为两个或更多的小方法，每个小方法只具有原来方法的部分功能。如果进行了这样的拆分，每个生成方法的接口都应比原来方法的接口简单。理想情况下，大多数调用者应该只需要调用两个新方法中的一个；如果调用者必须同时调用两个新方法，那么就会增加复杂性，使得拆分是个好主意的可能性降低。新方法的功能将更加集中。如果新方法比原来的方法更具有通用性

（也就是说，你可以想象在其他情况下分别使用它们），则是个好兆头。

图 9.3（c）所示的拆分形式并不常见，因为它们会导致调用者不得不处理多个方法，而非一个方法。如果采用这种拆分方式，就有可能出现多个浅方法，如图 9.3（d）所示。如果调用者必须调用每个独立的方法，并在它们之间来回传递状态，那么拆分就不是一个好主意。如果你正在考虑图 9.3（c）中的拆分，就应该根据它是否能简化调用者的工作来判断。

在某些情况下，通过将方法连接在一起也可以简化系统。例如，连接方法可能会用一个较深的方法取代两个较浅的方法；它可能会消除代码的重复；它可能会消除原来方法或中间数据结构之间的依赖关系；它可能会带来更好的封装，从而使以前存在于多个地方的知识现在被隔离在一个地方；或者它可能会带来更简单的接口，正如 9.2 节所讨论的那样。

9.8　不同意见:《代码整洁之道》

在《代码整洁之道》（Clean Code）一书中，罗伯特·马丁（Robert Martin）认为，函数应该仅根据长度来拆分。他说，函数应该非常短，甚至 10 行也嫌长。

> 函数的第一条规则是要短小。第二条规则是还要更短小……if 语句、else 语句、while 语句等，其中的代码块应该只占一行，该行大抵应该是一个函数调用语句……这也意味着

函数不应该大到足以容纳嵌套结构。所以，函数的缩进层级不该多于一层或两层。当然，这样的函数易于阅读和理解。

我同意，较短的函数通常比较长的函数更容易理解。但是，一旦一个函数的行数减少到几十行，进一步减少行数就不太可能对可读性产生太大影响。更重要的问题是：分解函数是否会降低系统的整体复杂性？换言之，阅读几个简短的函数并理解它们如何协同工作，是否比阅读一个较大的函数更容易？函数越多，就意味着需要编写的文档和学习的接口越多。如果函数太小，它们就会失去独立性，导致出现必须一起阅读和理解的连体函数。当这种情况发生时，最好保留较大的函数，这样所有相关代码都在一个地方。深度比长度更重要：首先要让函数有深度，然后尽量让它们足够短，以便于阅读。不要为了长度而牺牲深度。

9.9　结论

拆分或连接模块的决定应基于复杂性。选择的结构应该能带来最佳的信息隐藏效果、最少的依赖关系和最深的接口。

第 10 章　避免处理异常

异常处理是软件系统复杂性的较大来源之一。本质上，处理特殊情况的代码比处理正常情况的代码更难编写，开发者在定义异常时往往不考虑如何处理这些异常。本章将讨论异常造成的复杂性不成比例的原因，然后介绍如何简化异常处理。本章的主要经验是减少必须处理异常的地方；在某些情况下，可以修改操作的语义，使正常行为能够处理所有情况，而无须报告异常情况（本章标题即由此而来）。

10.1　为何异常会增加复杂性

我使用"异常"（exception）一词来指改变程序中正常控制流程的所有不常见情况。许多编程语言都包含正式的异常机制，允许低级代码抛出异常，并由外层代码捕获异常。不过，即使不使用正式的异常报告机制，也会出现异常，例如当一个方法返回一个特殊值时，表明它没有完成正常行为。所有这些形式的异常都会增加复杂性。

一段特定的代码可能会以多种不同的方式遇到异常。

- 调用者可能提供了错误的参数或配置信息。

- 被调用的方法可能无法完成请求的操作。例如，I/O 操作可能会失败，或者所需的资源可能不可用。

- 在分布式系统中，网络数据包可能会丢失或延迟，服务器可能无法及时响应，对方设备可能会以意想不到的方式进行通信。

- 代码可能会检测到错误、内部不一致或未准备好处理的情况。

大型系统必须处理许多异常情况，尤其是分布式系统或需要容错的系统。异常处理占系统所有代码的很大一部分。

本质上，异常处理代码比正常情况代码更难编写。异常会扰乱代码的正常流程；它通常意味着某些功能未按预期运行，操作无法按计划完成。出现异常时，程序员有两种处理方法，每种方法都可能很复杂。第一种方法是不顾异常继续向前，完成正在进行的工作。例如，如果网络数据包丢失，可以重新发送；如果数据损坏，也许可以从冗余副本中恢复。第二种方法是中止正在进行的操作，并向上报告异常。不过，中止操作可能会比较复杂，因为异常可能发生在系统状态不一致的地方（数据结构可能已经部分初始化）；异常处理代码必须恢复一致性，例如，在异常发生前，可以撤销任何更改。

此外，异常处理代码还会造成更多的异常。考虑一下重新发送丢失的网络数据包的情况。也许数据包实际上并没有丢失，只是被延迟了。在这种情况下，重新发送数据包会导致重复数据包到达对方设备；这就引入了对方设备必须处理的新异常情况。或者，考虑从冗余副本中恢复丢失数据的情况：如果冗余副本也丢失了怎么办？恢复过程中出现的次要异常往往比主要异常更微妙、更复杂。如果通过中止正在进行的操作来处理异常，则必须将其作为另一个异常报告给调用者。为了防止无休止地出现一连串异常，开发者最终必须找到一种方法来处理异常，而不是引入更多异常。

编程语言对异常的支持往往是冗长而笨拙的，这使得异常处理代码难以阅读。例如，请看下面的代码，它使用 Java 的对象序列化和反序列化支持，从文件中读取推文集合：

```
try (
    FileInputStream fileStream =
            new FileInputStream(fileName);
    BufferedInputStream bufferedStream =
            new BufferedInputStream(fileStream);
    ObjectInputStream objectStream =
            new ObjectInputStream(bufferedStream);
) {
    for (int i = 0; i < tweetsPerFile; i++) {
        tweets.add((Tweet) objectStream.readObject());
    }
}
catch (FileNotFoundException e) {
    ...
}
catch (ClassNotFoundException e) {
    ...
}
catch (EOFException e) {
    // Not a problem: not all tweet files have full
    // set of tweets.
}
catch (IOException e) {
    ...
}
catch (ClassCastException e) {
    ...
}
```

仅仅是基本的 try-catch 重复引用，所占的代码行数就比正常情况下的操作代码行数还多，这还不包括实际处理异常的代码。很难将异常处理代码与正常情况下的代码联系起来，例如，不清楚每个异常是在哪里产生的。另一种方法是将代码分成许多不同的 try 代码块；在极端情况下，每一行可能产生异常的代码都有一个 try。这将使异常发生的位置一目了然，但 try 代码块本身会破坏代码的流畅性，增加阅读难度；此外，一些异常处理代码可能会在多个 try 代码块中重复出现。

很难确保异常处理代码真正有效。有些异常（如 I/O 错误）不容易在测试环境中生成，因此很难测试处理这些异常的代码。异常在运行系统中并不经常发生，因此异常处理代码很少执行。缺陷可能在很长时间内都不会被发现，当最终需要使用异常处理代码时，它很有可能无法工作（我喜欢的名言之一是："没有执行过的代码是不工作的。"）。

最近的一项研究发现，分布式数据密集型系统中 90% 以上的灾难性故障都是由不正确的错误处理造成的[①]。当异常处理代码失效时，很难进行调试，因为这种情况发生的频率很低。

10.2 异常太多

程序员可能定义了不必要的异常，加剧了与异常处理相关的问题。大多数程序员接受的教育是，检测和报告错误很重要，他们往往将此理

---

① Ding Yuan et al., "Simple Testing Can Prevent Most Critical Failures: An Analysis of Production Failures in Distributed Data-Intensive Systems," 2014 USENIX Symposium on Operating Systems Design and Implementation.

解为"检测到的错误越多越好"。这就导致了一种过度防御的风格，任何看起来有点可疑的东西都会被异常拒绝，从而导致不必要的异常激增，增加了系统的复杂性。

我自己在设计 Tcl 脚本语言时就犯了这个错误。Tcl 包含一个 unset 命令，可以用来删除变量。我对 unset 的定义是，如果该变量不存在，就会抛出错误。当时我想，如果有人试图删除一个不存在的变量，这一定是个错误，所以 Tcl 应该报告它。然而，unset 常见的用途之一是清理之前操作产生的临时状态。通常很难预测到底创建了什么状态，尤其是在操作中途中止的情况下。因此，最简单的方法就是删除所有可能已创建的变量。unset 的定义让这种做法很别扭：开发者最终会在 catch 语句中调用 unset，以捕获并忽略 unset 抛出的错误。回想起来，unset 命令的定义是我在 Tcl 设计中犯下的较大错误之一。

使用异常来避免处理棘手的情况是很有诱惑力的：与其想出一个简洁的方法来处理它，还不如直接抛出异常，把问题推给调用者。有些人可能会说，这种方法赋予了调用者权力，因为它允许每个调用者以不同的方式处理异常。但是，如果你在特定情况下难以确定该怎么做，那么调用者也很有可能不知道该怎么做。在这种情况下产生异常只会把问题推给别人，增加系统的复杂性。

类抛出的异常是其接口的一部分：具有大量异常的类具有复杂的接口，它们比具有较少异常的类更浅。异常是接口中特别复杂的元素。在被捕获之前，异常可能会在多个调用栈层级中传播，因此它不仅会影响方法的调用者，还可能影响更高层的调用者（及其接口）。

抛出异常很容易，处理异常却很难。因此，异常的复杂性来自异常处理代码。减少异常处理造成的复杂性损害的最佳方法是减少需要处理异常的地方的数量。本章接下来将讨论减少异常处理程序数量的 4 种技巧。

10.3　定义错误不存在

消除异常处理复杂性的最佳方法（即第一种技巧）是定义 API，使它不存在需要处理的异常：定义错误不存在。这看起来似乎有些难以置信，但在实践中却非常有效。请看上文讨论的 Tcl 的 unset 命令。当 unset 被要求删除一个未知变量时，它不应该抛出错误，而应该什么都不做就直接返回。我应该稍微修改一下 unset 的定义：unset 应该确保该变量不再存在，而不是删除变量。根据第一个定义，如果变量不存在，unset 就无法执行其工作，因此产生异常是合理的。对于第二个定义，unset 在调用时使用不存在的变量名是非常自然的。在这种情况下，它的工作已经完成，因此可以直接返回。不再需要报告错误。

10.4　示例：Windows 中的文件删除

文件删除是如何定义错误不存在的一个例子。Windows 操作系统不允许删除进程正在打开的文件。这让开发者和用户感到沮丧。为了删除一个正在使用的文件，用户必须在系统中查找打开该文件的进程，然后杀死该进程。有时，用户放弃并重启系统，仅仅是为了删除一个文件。

　　UNIX 操作系统对文件删除的定义更为优雅。在 UNIX 中，如果一个文件在删除时是打开的，UNIX 不会立即删除该文件。相反，它会标记要删除的文件，然后删除操作成功返回。文件名已从其目录中删除，因此其他进程无法打开旧文件，也无法创建同名的新文件，但现有的文件数据仍然存在。已经打开文件的进程可以继续正常读写文件。一旦文件被所有访问进程关闭，其数据就会被释放。

　　UNIX 方法将两种不同的错误定义为不存在。首先，如果文件当前正在使用，则删除操作不再返回错误；删除成功，文件最终将被删除。其次，删除正在使用的文件不会给使用该文件的进程带来异常。解决这个问题的一种可行方法是立即删除文件，并标记所有打开的文件，使其失效；其他进程读取或写入已删除文件的任何尝试都将失败。但是，这种方法会给这些进程带来新的错误。作为替代，UNIX 允许它们继续正常访问文件；延迟删除文件实现了定义错误不存在。

　　UNIX 允许一个进程继续读写一个注定要出错的文件，这似乎很奇怪，但我从未遇到过这种情况所导致的重大问题。对于开发者和用户来说，UNIX 的文件删除定义要比 Windows 的定义简单得多。

10.5　示例：Java 的 substring 方法

　　另一个例子是 Java 的 String 类及其 substring 方法。给定字符串的两个索引，substring 返回从第一个索引给定的字符开始到第二个索引之前的字符结束的子串。但是，如果其中一个索引超出了字符串的范围，那么 substring 将抛出 IndexOutOfBoundsException 异常。这种异常是不必要的，会让该方法的使用复杂化。我经常会遇到这样的情况：一个或两个索引可能都超出了字符串的范围，而我想提取字符串中与指定范围重叠的所有字符。遗憾的是，这要求我检查每个索引，并将其向上舍入为零或向下舍入到字符串的末尾；一个单行方法调用现在变成了 5 至 10 行代码。

如果 Java 的 substring 方法能自动执行这一调整，那么它将更易于使用，这样它就能实现以下 API："返回索引大于或等于 beginIndex 且小于 endIndex 的字符串字符（如果有）。"这是一个简单而自然的 API，它将 IndexOutOfBoundsException 异常定义为不存在。现在，即使一个或两个索引都是负数，或者 beginIndex 大于 endIndex，该方法的行为也已明确定义。这种方式简化了方法的 API，同时增加了方法的功能，因此使方法更深。许多其他语言都采用了无错方法，例如，Python 会对超出范围的列表切片返回空结果。

当我主张定义错误不存在时，人们有时会反驳说，抛出错误会捕捉软件缺陷；如果将错误定义为不存在，那岂不是会导致软件出现更多缺陷？也许这就是 Java 开发者决定 substring 应该抛出异常的原因。定义错误存在的方式可能会捕捉到一些缺陷，但也会增加复杂性，从而导致其他缺陷。在定义错误存在的方式中，开发者必须编写额外的代码来避免或忽略错误，这就增加了出现缺陷的可能性；或者，他们可能会忘记编写额外的代码，在这种情况下，运行时可能会抛出意想不到的错误。相比之下，定义错误不存在可以简化 API，减少必须编写的代码量。

总之，减少缺陷的最佳方法就是让软件更简单。

10.6 异常屏蔽

减少必须处理异常情况的第二种技巧是异常屏蔽（exception masking）。采用这种方法时，异常情况会在系统的较低层次被检测到并得到处理，因此较高层次的软件不需要知道这种情况。异常屏蔽在分布式系统中尤为常见。例如，在 TCP 等网络传输协议中，数据包会因损坏和拥塞等各种原因而丢失。TCP 在执行过程中会重新发送丢失的数据包，从而屏蔽数据包丢失的情况，因此所有数据最终都能通过，而客户端并不知道数据包丢失。

在 NFS 网络文件系统中，有一个更有争议的屏蔽例子。如果 NFS 文件服务器因故崩溃或无法响应，客户端会一遍又一遍地向服务器发出请求，直到问题最终得到解决。客户端的底层文件系统代码不会向调用应用程序报告任何异常。正在进行的操作（以及应用程序）只是挂起，直到操作成功完成。如果挂起超过一小段时间，NFS 客户端就会在用户控制台打印 "NFS server xyzzy not responding still trying."（NFS 服务器 xyzzy 未响应，仍在尝试。）的信息。

NFS 用户经常抱怨他们的应用程序在等待 NFS 服务器恢复正常运行时会被挂起。许多人建议，NFS 应通过异常中止操作，而不是挂起。然而，报告异常只会让情况更糟，而不是更好。如果应用程序失去了对文件的访问权限，它就无能为力了。一种可能是应用程序重试文件操作，但这仍然会挂起应用程序，而且在 NFS 层的一个地方执行重试比在每个应用程序的每个文件系统调用中执行重试更容易（编译器不应该担心这个问题）。另一种可能是应用程序终止并向调用者返回错误。调用者也不太可能知道该怎么做，所以他们也会中止，导致用户的工作环境崩溃。在文件服务器停机期间，用户仍然无法完成任何工作，一旦文件服务器恢复正常，他们就必须重新启动所有应用程序。

因此，最好的办法是让 NFS 屏蔽错误并挂起应用程序。采用这种方法，应用程序不需要任何代码来处理服务器问题，一旦服务器恢复运行，应用程序就能无缝恢复。如果用户等得不耐烦了，可以随时手动中止应用程序。

异常屏蔽并非在所有情况下都有效，但在有效的情况下，它却是一个强大的工具。因为它减少了类的接口（减少了用户需要注意的异常），并以代码的形式增加了异常屏蔽的功能，所以它能使类更深。异常屏蔽就是降低复杂性的一个例子。

10.7　异常聚合

降低异常复杂性的第三种技巧是异常聚合（exception aggregation）。异常聚合的理念是用一段代码处理多个异常；与其为多个单独的异常编写不同的处理程序，不如用一个处理程序在一个地方处理所有异常。

考虑一下如何处理 Web 服务器中丢失的参数。网络服务器实现了一个 URL 集合，当服务器接收到一个传入的 URL 时，它会调度一个特定于 URL 的服务方法来处理该 URL，并生成一个响应。URL 包含用于生成响应的各种参数。每个服务方法都会调用一个较低层的方法（我们称之为 getParameter），从 URL 中提取所需的参数。如果 URL 不包含所需的参数，getParameter 会抛出异常。

在软件设计课上实现这样一个服务器时，许多学生将对 getParameter 的每次不同调用都封装在一个单独的异常处理程序中，以捕获 NoSuchParameter 异常，如图 10.1 所示。这样就产生了大量的处理程序，而所有这些处理程序所做的事情基本相同（生成错误响应）。

调度器：

```
...
if (...) {
  handleUrl1(...);
} else if (...) {
  handleUrl2(...);
} else if (...) {
  handleUrl3(...);
} else if (...)
  ...
}
...
```

handleUrl1 :

```
...
try {
  ... getParameter("photo_id")
  ...
} catch (NoSuchParameter e) {
  ...
}
...
try {
  ... getParameter("message")
  ...
} catch (NoSuchParameter e) {
  ...
}
...
```

handleUrl2 :

```
...
try {
  ... getParameter("user_id")
  ...
} catch (NoSuchParameter e) {
  ...
}
...
```

handleUrl3 :

```
...
try {
  ... getParameter("login")
  ...
} catch (NoSuchParameter e) {
  ...
}
...
try {
  ... getParameter("password")
  ...
} catch (NoSuchParameter e) {
  ...
}
...
```

图 10.1　顶部的代码会调度到 Web 服务器中的多个方法之一，每个方法都会处理一个特定的 URL。每个方法（底部）都使用传入 HTTP 请求中的参数。在本图中，每次调用 getParameter 都有一个单独的异常处理程序；这导致了代码的重复

更好的方法是异常聚合。如图 10.2 所示，与其在单个服务方法中捕获异常，不如让它们向上传播到 Web 服务器的顶层调度方法。该方法中的单个处理程序可以捕获所有异常，并为丢失的参数生成适当的错误响应。

调度器:

```
...
try {
  if (...) {
    handleUrl1(...);
  } else if (...) {
    handleUrl2(...);
  } else if (...) {
    handleUrl3(...);
  } else if (...)
    ...
  }
} catch (NoSuchParameter e) {
  send error response;
}
...
```

handleUrl1:

```
... getParameter("photo_id")
... getParameter("message")
...
```

handleUrl2:

```
... getParameter("user_id")
...
```

handleUrl3:

```
... getParameter("login")
... getParameter("password")
...
```

图 10.2　该代码在功能上与图 10.1 相同，但对异常处理进行了聚合：调度器中的单个异常处理程序会捕获来自所有 URL 特定方法的所有 NoSuchParameter 异常

在 Web 示例中，聚合方法还可以更进一步。在处理网页时，除了丢失参数，还可能出现许多其他错误。例如，参数可能没有正确的语法（服务方法期望的是整数，但值却是"xyz"），或者用户可能没有请求操作的权限。在每种情况下，错误都会导致错误响应；错误的区别仅在于响应中包含的错误信息不同（"URL 中不存在参数'quantity'"或"参数'quantity'的值'xyz'不对，必须是正整数"）。因此，所有导致错误响应的情况都可以用一个顶层异常处理程序来处理。错误信息可在异常抛出时生成，并作为变量包含在异常记录中。例如，getParameter 会生成"参数'quantity'不在 URL 中"的信息。顶层处理程序会从异常中提取信息，并将其纳入错误响应。

从封装和信息隐藏的角度来看，上段所述的聚合具有良好的特性。顶层异常处理程序封装了有关如何生成错误响应的知识，但它对具体错

误一无所知；它只是使用异常中提供的错误信息。getParameter 方法封装了有关如何从 URL 中提取参数的知识，它还知道如何以人类可读的形式描述提取错误。这两种信息密切相关，因此将它们放在同一个地方是合理的。然而，getParameter 对 HTTP 错误响应的语法一无所知。随着新功能被添加到 Web 服务器，像 getParameter 这样的新方法可能会制造出自己的错误。如果新方法抛出异常的方式与 getParameter 相同（生成继承自相同超类的异常，并在每个异常中包含错误信息），它们就可以插入现有系统，而无须进行其他更改：顶层处理程序会自动为它们生成错误响应。

这个例子说明了异常处理的一种常用设计模式。如果系统要处理一系列请求，那么定义一个异常是非常有用的，它可以中止当前请求、清理系统状态和继续处理下一个请求。在系统请求处理循环顶部的单个位置捕获异常。异常可在请求处理过程中的任何时候抛出，以中止请求；可针对不同情况定义不同的异常子类。这种类型的异常应与对整个系统致命的异常明确区分开来。

如果异常在调用栈中向上传播几层后才得到处理，那么异常聚合的效果最好，这样可以在同一个地方处理来自更多方法的更多异常。这与异常屏蔽正好相反：如果在低层方法中处理异常，屏蔽通常效果最佳。对于屏蔽，低层方法通常是许多其他方法使用的库方法，因此允许异常传播会增加处理异常的地方。屏蔽和聚合的相似之处在于，这两种方法都将异常处理程序定位在可以捕获最多异常的地方，从而省去了许多原本需要创建的处理程序。

在用于崩溃恢复的 RAMCloud 存储系统中，有另一个异常聚合的例子。RAMCloud 系统由一组存储服务器组成，这些服务器为每个对象保存多个副本，因此系统可以从各种故障中恢复。例如，如果一台服务器崩溃并丢失了所有数据，RAMCloud 会使用存储在其他服务器上的副本重建丢失的数据。错误也可能在较小范围内发生；例如，服务器可能会发现单个对象已损坏。

RAMCloud 没有为每种不同类型的错误提供单独的恢复机制。相反，RAMCloud 会将许多较小的错误"升级"为较大的错误。原则上，RAMCloud 可以通过从备份副本中恢复一个对象来处理损坏的对象。但RAMCloud 并没有这么做。相反，如果发现对象损坏，它就会让包含该对象的服务器崩溃。RAMCloud 采用这种方法是因为崩溃恢复相当复杂，而这种方法最大限度地减少了必须创建的不同恢复机制的数量。为崩溃的服务器创建恢复机制是不可避免的，因此 RAMCloud 在其他类型的恢复中也使用了相同的机制。这减少了必须编写的代码量，同时也意味着服务器崩溃恢复机制被更频繁地调用。因此，恢复中的缺陷更容易被发现和修复。

将损坏的对象升级为服务器崩溃有一个缺点：这会大大增加恢复的成本。这在 RAMCloud 中不是问题，因为对象损坏的情况非常罕见。不过，对于经常发生的错误，错误升级可能没有意义。举例来说，当服务器丢失一个网络数据包时，让服务器崩溃是不现实的。

对异常聚合的一种理解是，它用一种能处理多种情况的通用机制取代了几种专用机制，每种专用机制都是为特定情况量身定做的。这再次说明了通用机制的好处。

10.8　就让它崩溃

　　降低异常处理复杂性的第四种技巧是让应用程序崩溃。在大多数应用程序中，某些错误是不值得处理的。通常，这些错误很难处理或无法处理，而且不会经常出现。应对这些错误的最简单方法就是打印诊断信息，然后中止应用程序。

　　存储分配过程中出现的"内存不足"错误就是一个例子。考虑一下 C 语言中的 malloc 函数，如果它无法分配所需的内存块，就会返回NULL。这是一种令人遗憾的行为，因为它假定 malloc 的每个调用者都会检查返回值，并在没有内存时采取适当措施。应用程序中包含大量对malloc 的调用，因此在每次调用后检查结果将大大增加复杂性。如果程序员忘记了检查（这很有可能），那么应用程序就会在内存耗尽时取消引用空指针，从而导致崩溃，掩盖了真正的问题。

　　此外，当应用程序发现内存耗尽时，它也无能为力。原则上，应用程序可以寻找不需要的内存来释放，但如果应用程序有不需要的内存，它可能已经释放了这些内存，这样就可以从一开始避免出现内存不足的错误。如今的系统内存相对过去非常大，几乎从未出现过内存耗尽的情况；如果出现了内存耗尽的情况，通常说明应用程序出现了缺陷。因此，试图处理内存不足错误的做法很少有意义；这样做的好处太少，却造成了太多的复杂性。

　　更好的方法是定义一个新方法 ckalloc，该方法调用 malloc，检查结果，如果内存耗尽，则输出错误信息并中止应用程序。应用程序从不直接调用 malloc，而总是调用 ckalloc。

在较新的语言（如 C++ 和 Java）中，new 操作符会在内存耗尽时抛出异常。捕获这个异常的意义不大，因为异常处理程序很有可能还会尝试分配内存，而这同样会失败。动态分配内存是任何现代应用程序的基本要素，如果内存耗尽，应用程序继续运行是没有意义的；最好是一检测到错误就立即崩溃。

还有许多其他错误的例子，在这些错误中，程序崩溃是合理的。对于大多数程序来说，如果在读取或写入打开的文件时发生 I/O 错误（如磁盘硬盘错误），或者网络套接字无法打开，应用程序就没有什么办法恢复了，因此输出明确的错误信息并中止程序是一种明智的做法。这些错误并不常见，因此不太可能影响应用程序的整体可用性。如果应用程序遇到内部错误（如数据结构不一致），也可以通过错误消息中止程序。此类情况可能表明程序中存在错误。

是否可以接受因特定错误而崩溃，取决于应用程序。对于复制存储系统来说，因 I/O 错误而崩溃是不合适的。相反，系统必须使用复制数据来恢复丢失的任何信息。恢复机制会增加程序的复杂性，但恢复丢失的数据是系统为用户提供价值的重要组成部分。

10.9 过犹不及

只有在模块外部不需要异常信息的情况下，定义错误不存在或在模块内屏蔽异常才有意义。本章中的示例（如 Tcl 的 unset 命令和 Java 的 substring 方法）就是如此，在调用者关心异常所检测到的特殊情况的极少数情况下，调用者可以通过其他方式获得这些信息。

　　然而，这种想法也有可能做过头。在一个网络通信模块中，一个学生团队屏蔽了所有的网络异常：如果出现网络错误，模块会捕捉到它，丢弃它，然后继续运行，就像没有问题一样。这意味着，使用该模块的应用程序无法发现信息是否丢失，或对方服务器是否出现故障；如果没有这些信息，就不可能构建健壮的应用程序。在这种情况下，尽管异常会增加模块接口的复杂性，但模块必须暴露异常。

　　对于异常，就像软件设计中的许多其他方面一样，你必须确定哪些是重要的，哪些是不重要的。不重要的东西应该隐藏起来，而且隐藏得越多越好。但当某些东西很重要时，就必须将其暴露出来（第 21 章将详细讨论这一主题）。

10.10　结论

　　任何形式的特例都会使代码更难理解，并增加出现缺陷的可能性。异常是特例代码主要的来源之一，本章重点讨论了如何减少必须处理异常的地方。最好的方法是重新定义语义，以消除错误条件。对于无法定义为不存在的异常，你应该寻找机会在低层次上屏蔽它们，从而限制其影响，或者将多个特殊情况处理程序聚合到一个更通用的处理程序中。这些技术加在一起，可以对整个系统的复杂性产生重大影响。

第 11 章　设计两次

　　设计软件是一件很难的事情，因此，你对如何构建模块或系统的第一个想法不太可能产生最佳设计。如果你对每一个重要的设计决策都考虑多个选项，那么最终的结果会好得多。因此，设计两次。

　　假设你正在为图形用户界面文本编辑器设计一个管理文件文本的类。第一步是定义该类将呈现给编辑器其他部分的接口；与其选择首先想到的想法，不如考虑多种可能性。第一种选择是面向行的接口，可以插入、修改和删除整行文本。第二种选择是基于单个字符插入和删除的接口。第三种选择是面向字符串的接口，可以对任意范围的字符进行操作，这些字符可能跨越行的边界。你不需要确定每个备选方案的每个特性；此时，勾画出几个最重要的方法就足够了。

　　尽量选择截然不同的方法，这样你会学到更多。即使你确定只有一种合理的方法，也要考虑第二种设计，无论你认为它有多糟糕。思考该设计的弱点，并将其与其他设计的特性进行对比，这会对你有所启发。

　　在粗略设计出备选方案后，列出每种方案的优缺点。对于接口来说，最重要的考虑因素是上层软件的易用性。在上面的例子中，面向行的接口和面向字符的接口都需要在使用文本类的软件中做额外的工作。在部分行和多行操作（如剪切和粘贴选择区域）中，面向行的接口需要更高层的软件来拆分和连接行。面向字符的接口需要循环来实现修改单个字符以上的操作。其他因素也值得考虑。

- 某个备选方案的接口是否比另一个简单？在文本示例中，所有文本接口都相对简单。

- 一种接口是否比另一种接口更通用？

- 一种接口的实现是否比另一种接口的实现更有效？在文本示例中，面向字符的方法可能比其他方法慢得多，因为它需要针对每个字符单独调用文本模块。

一旦比较了备选设计，就能更好地确定最佳设计。最佳选择可能是备选方案之一，也可能你发现可以将多个备选方案的特性组合到一个新的设计中，而这个新设计比任何一个最初的选择都要好。

有时，没有一个备选方案特别吸引人，这时，看看能否提出其他方案。利用你从原来的备选方案中发现的问题来推动新的设计。如果你在设计文本类时只考虑了面向行和面向字符的方法，你可能会注意到每个备选方案都很别扭，因为它需要更高层的软件来执行额外的文本操作。这是一个警示：如果要有一个文本类，它就应该处理所有的文本操作。为了消除额外的文本操作，文本接口需要更紧密地匹配高层软件中的操作。这些操作并不总是与单个字符或单行相对应。根据这一思路，我们应该为文本设计一个面向范围的 API，从而消除早期设计中存在的问题。

设计两次原则可应用于系统的多个层面。对于一个模块，你可以先用这种方法选择接口，如上所述。然后，在设计实现时，你可以再次应用这一原则：对于文本类，你可能会考虑行的链接列表、固定大小的字符块或"间隙缓冲区"等实现方式。实现的目标与接口的目标不同：对于实现来说，最重要的是简单和性能。在系统的更高层上探索多种设计也很有用，例如在为用户界面选择特性或将系统分解为主要模块时。在每种情况下，如果能比较几个备选方案，就更容易找出最佳设计。

设计两次不需要花费大量额外时间。对于一个较小的模块（如类），你可能不需要一两个小时来考虑备选方案。这与你实现该类所需的几天或几周时间相比，实在是太少了。最初的设计实验很可能会产生一个更好的设计，这对于两次设计所花费的时间是很好的补偿。对于较大的模块，你会在最初的设计探索中花费更多的时间，但实现的时间也会更长，而且更好的设计所带来的收益也会更高。

我注意到，真正聪明的人有时很难接受"设计两次"原则。聪明人在成长过程中发现，他们对任何问题的第一个快速想法就足以取得好成绩，没有必要考虑第二或第三种可能性。这往往会导致不良的工作习惯。然而，随着这些人年龄的增长，他们会被提拔，面临的问题越来越难。最终，每个人都会遇到这样一个问题，即你的第一个想法已经不够好；如果你想取得真正的好成绩，无论你有多聪明，都必须考虑第二种可能性，或许是第三种可能性。大型软件系统的设计就属于这一类：没有人能够在第一次尝试时就做对。

遗憾的是，我经常看到一些聪明人坚持实现他们的第一个想法，这导致他们无法发挥真正的潜力（这也让他们在工作中感到沮丧）。也许他们潜意识里认为"聪明人第一次就能做对"，所以如果他们尝试多种设计，就意味着他们根本不聪明。事实并非如此。不是你不聪明，而是问题真的很难！此外，这也是一件好事：解决一个需要仔细思考的问题，比解决一个根本不用思考的简单问题要有趣得多。

设计两次法不仅能改进你的设计，还能提高你的设计技能。在设计和比较多种方法的过程中，你会了解到使设计变好或变坏的因素。随着时间的推移，这将使你更容易排除糟糕的设计，并打磨出真正优秀的设计。

第12章 为什么要写注释？4个借口

代码内文档在软件设计中起着至关重要的作用。注释对于帮助开发者理解系统和高效工作至关重要，但注释的作用远不止于此。文档在抽象方面也发挥着重要作用；没有注释，就无法隐藏复杂性。最后，如果编写注释的过程正确，实际上会改进系统的设计。相反，一个好的软件设计如果没有很好的文档记录，它的价值就会大打折扣。

遗憾的是，这种观点并没有得到普遍认同。有相当一部分生产代码基本上不包含注释。许多开发者认为注释是在浪费时间；另一些开发者虽然看到了注释的价值，但不知何故却从未动手写注释。好在许多开发团队认识到了文档的价值，而且感觉这些团队的数量正在逐渐增加。然而，即使在鼓励编写文档的团队中，编写注释也往往被视为苦差事，许多开发者并不了解如何编写注释，因此最终的文档往往平平无奇。不完善的文档会给软件开发带来了巨大的、不必要的阻力。

在本章中，我将讨论开发者用来避免编写注释的借口，以及注释真正重要的原因。第13章将介绍如何编写好的注释，之后的几章将讨论相关问题，如变量名的选择以及如何使用文档来改进系统设计。我希望这些章能让你相信3件事情：好的注释能让软件的整体质量大为改观；写好注释并不难；写注释实际上是一件有趣的事情（这可能很难让人相信）。

当开发者不写注释时，他们通常会用以下一个或多个借口来为自己的行为辩解。

- "好的代码自己就是文档。"
- "我没时间写注释。"
- "注释会过时，会产生误导。"
- "我见过的注释都没有价值，何必呢？"

在下面的小节中，我将逐一讨论这些借口。

12.1 好的代码自己就是文档

有些人认为，如果代码写得好，它本身就是显而易见的，不需要注释。这是一个美丽的神话，就像冰淇淋有益健康的谣言一样：我们真的愿意相信它！遗憾的是，这根本不是真的。可以肯定的是，在编写代码时，你可以做些事情来减少对注释的需求，比如选择好的变量名（参见第 14 章）。尽管如此，仍有大量的设计信息无法在代码中体现。例如，一个类的接口中只有一小部分（如方法的签名）可以在代码中正式指定。接口的非正式部分（如每个方法的高级描述或其结果的含义）只能在注释中描述。还有许多其他无法在代码中描述的例子，例如特定设计决策的理由，或在什么情况下调用特定方法是合理的。

一些开发者认为，如果其他人想知道某个方法是做什么的，他们应该直接阅读该方法的代码：这比任何注释都要准确。代码阅读者有可能通过阅读代码推断出方法的抽象接口，但这样做既费时又痛苦。此外，如果你在编写代码时希望用户阅读方法的实现，那么你就会尽量缩短每个方法的代码，以便于阅读。如果方法做了一些不简单的事，你就会把它分解成几个更小的方法。这将导致大量的浅方法。此外，这样做并不能使代码更容易阅读：为了理解顶层方法的行为，代码阅读者可能需要理解嵌套方法的行为。对于大型系统来说，让用户通过阅读代码来了解其行为是不现实的。

　　此外，注释是抽象的基础。第 4 章曾提到，抽象的目的是隐藏复杂性：抽象是实体的简化视图，它保留了基本信息，但省略了可以安全忽略的细节。如果用户必须阅读方法的代码才能使用它，那么就不存在抽象：方法的所有复杂性都暴露无遗。如果没有注释，方法的唯一抽象就是它的声明，其中指定了方法的名称、参数和结果的名称和类型。声明中缺失了太多的基本信息，无法单独提供一个有用的抽象。例如，一个提取子串的方法可能有两个参数——start 和 end，表示要提取的字符范围。仅从声明中，我们无法得知提取的子串是否包括 end 所指示的字符，或者如果 start > end 会发生什么。注释允许我们记录调用者需要的附加信息，从而在隐藏实现细节的同时完成简化视图。同样重要的是，注释应使用英语等人类语言编写；这使得注释不如代码精确，却提供了更强的表达能力，因此我们可以创建简单、直观的描述。如果你想使用抽象来隐藏复杂性，注释是必不可少的。

12.2　我没有时间写注释

　　将注释的优先级排在其他开发任务之后，这是很诱人的。如果要在添加新特性和为现有特性写文档之间做出选择，那么选择新特性似乎是合乎逻辑的。然而，软件项目几乎总是面临着时间压力，总有一些事情似乎比写注释的优先级更高。因此，如果你允许文档的优先级降低，最终就会没有文档。

与这种借口相反的观点是 3.3 节讨论的投资心态。如果你想要一个简洁的软件结构，使你能够长期高效地工作，就必须在前期花费一些额外的时间来创建这个结构。好的注释会大大提高软件的可维护性，因此在注释上花费的精力很快就会得到回报。此外，编写注释并不需要花费很多时间。问问你自己，假设不包含任何注释，你在开发过程中花了多少时间输入代码（而不是设计、编译、测试等）；我怀疑答案不会超过 10%。现在假设你输入注释的时间和输入代码的时间一样多（这应该是一个安全的上限），那么编写好的注释不会使开发时间增加超过 10%。编写良好文档的好处将很快抵消这一成本。

此外，许多重要的注释都与抽象相关，例如类和方法的顶层文档。第 15 章将论证这些注释应该作为设计过程的一部分来编写。编写文档是一种重要的设计行为，可以改进整体设计。这些注释可以立即收回成本。

12.3　注释会过时，会产生误导

注释有时会过时，但在实践中这并不是一个大问题。保持文档更新并不需要很大的工作量。只有在代码有较大改动的情况下，才需要对文档进行较大的改动，而代码的改动要比文档的改动花费更多的时间。第 16 章讨论了如何组织文档，以便在代码修改后尽可能轻松地保持文档更新（主要思路是避免重复文档，并使文档与相应的代码保持密切联系）。代码评审为检测和修复陈旧的注释提供了一个很好的机制。

12.4　我见过的注释都没有价值

在这 4 个借口中，这可能是最有道理的一个。每个软件开发者都见过那些没有提供任何有用信息的注释，而大多数现有的文档充其量也就是一般般。好在这个问题是可以解决的；只要掌握了方法，编写可靠的文档并不难。针对如何编写优秀的文档并长期维护它，本章接下来的部分将提供一个框架。

12.5　写好注释的好处

既然我已经讨论了（希望也驳斥了）反对编写注释的论点，那么让我们来看看写好注释的好处。注释的总体思路是捕捉设计者头脑中的信息，但这些信息无法在代码中体现。这些信息包括低层的细节，如硬件的奇怪行为导致的一段特别费解的代码；也包括高层的概念，如类的缘由。当其他开发者以后进行修改时，这些注释将使他们能够更快、更准确地工作。如果没有文档，未来的开发者将不得不重新获取或猜测原开发者的设计；这将花费额外的时间，而且如果新的开发者误解了原来设计者的意图，就有可能出现缺陷。即使是由最初的设计者进行修改，注释也很有价值：如果你上次修改一段代码已经是几周前的事了，就会忘记最初设计的许多细节。

第 2 章介绍了复杂性在软件系统中的 3 种表现。

变更放大：一个看似简单的变更需要在许多地方修改代码。

认知负担：为了进行修改，开发者必须积累大量信息。

不知道未知：不清楚哪些代码需要修改，也不清楚修改时必须考虑哪些信息。

良好的文档有助于解决上述问题中的后两个。文档可以为开发者提供修改所需的信息，并使开发者容易忽略无关信息，从而减轻认知负担。如果没有足够的文档，开发者可能不得不阅读大量代码来重构设计者的想法。文档还可以通过阐明系统结构来减少不知道未知，从而明确哪些信息和代码与给定的变更相关。

第 2 章指出，复杂性的主要原因是依赖关系和模糊性。好的文档可以澄清依赖关系，填补缺失的信息，从而消除模糊性。

接下来的几章将向你展示如何编写优秀的文档。这些章还将讨论如何将文档编写融入设计过程，从而改进软件设计。

12.6　不同观点：注释就是失败

罗伯特·马丁在他的《代码整洁之道》一书中对注释的看法更为消极。

> ……注释最多也就是一种必需的恶。若编程语言足够有

表现力，或者我们长于用这些语言来表达意图，就不那么需要注释——也许根本不需要。

　　注释的恰当用法是弥补我们在用代码表达意图时遭遇的失败……注释总是一种失败。我们总无法找到不用注释就能表达自我的方法，所以总要有注释，这不值得庆贺。

　　我同意，良好的软件设计可以减少对注释（尤其是方法体中的注释）的需求。但注释并不代表失败。注释所提供的信息与代码所提供的信息截然不同，而这些信息无法用代码来表示。代码和注释各自都非常适合它们所代表的事物，而且它们各自都能提供重要的好处；即使注释中的信息能以某种方式被代码所记录，我们也不清楚这是否是一种改进。

　　注释的目的之一是让开发者不必阅读代码。例如，开发者可以通过阅读简短的接口注释来获取调用方法所需的全部信息，而不必阅读方法的整个正文。马丁则采取了相反的做法：他主张用代码代替注释。马丁建议，与其写注释来解释方法中的代码块发生了什么，不如将该代码块拉出到一个单独的方法中（不带注释），并使用方法的名称来代替注释。这样就会产生很长的名称，例如 isLeastRelevantMultipleOfNextLarger-PrimeFactor。即使名称这么长，这样的名称也是隐晦的，它所提供的信息还不如一条写得好的注释。而且，采用这种方法，开发者每次调用一个方法时，都要重新输入该方法的文档！

　　我担心马丁的哲学会助长程序员的不良态度，他们会回避注释，以免看起来像失败。这甚至会导致优秀的设计师受到错误的批评："你的代码有什么问题，需要注释吗？"

　　写得好的注释并不是失败。它们提高了代码的价值，并在定义抽象和管理系统复杂性方面发挥着重要作用。

第 13 章　注释应描述代码中不明显的内容

编写注释的原因在于，编程语言中的语句无法记录开发者编写代码时脑海中的所有重要信息。注释可以记录这些信息，以便后来的开发者轻松理解和修改代码。注释的指导原则是，注释应描述代码中不明显的内容。

有很多信息从代码中看不出来。有时是低层的细节不明显，例如，当一对索引描述一个范围时，索引给出的元素是在范围内还是范围外并不明显。有时不清楚为什么需要这段代码，或者为什么要以特定的方式实现代码。有时，开发者会遵循一些规则，比如"总是在 b 之前调用 a"。你也许可以通过查看所有代码来猜测规则，但这样做既痛苦又容易出错；而注释可以使规则清晰、明确。

编写注释的一个最重要的原因是抽象，它包含了许多从代码中无法明显看出的信息。抽象的概念是提供一种简单的思考方式，但代码是如此详细，以至于仅从阅读代码中很难看出抽象。注释可以提供一种更简单、更高层的视角（如，调用此方法后，网络流量将被限制为每秒 maxBandwidth 字节）。即使这些信息可以通过阅读代码推断出来，我们也不希望强迫模块的用户这样做：阅读代码非常耗时，而且会迫使他们考虑很多使用模块时并不需要的信息。开发者应该能够理解模块提供的抽象，除外部可见的声明，无须阅读任何代码。要做到这一点，唯一的办法就是用注释来补充声明。

本章将讨论需要在注释中描述哪些信息，以及如何编写好的注释。正如你将看到的，好的注释通常会在不同于代码的详细程度上解释问题，在某些情况下代码更详细，而在另一些情况下则不那么详细（更抽象）。

13.1　选择约定

编写注释的第一步是确定注释的约定，例如注释的内容和注释的格式。如果你使用的编程语言有文档编译工具，例如 Java 的 Javadoc、C++ 的 Doxygen 或 Go 的 godoc，那么请遵循这些工具的约定。这些约定都不完美，但工具提供的好处足以弥补这一点。如果你的编程环境中没有现成的约定可遵循，请尝试采用其他类似语言或项目的约定，这将使其他开发者更容易理解和遵守你的约定。

约定有两个目的。首先，它们能确保一致性，使注释更容易阅读和理解。其次，它们有助于确保你真正在写注释。如果你不清楚自己要注释什么以及如何注释，就很容易最终什么注释也没写。

大多数注释可分为以下 4 类。

接口级注释：在类、数据结构、函数或方法等模块声明之前紧接的注释块。该注释描述模块的接口。对于类，该注释描述了该类提供的整体抽象。对于方法或函数，该注释描述了其整体行为、参数和返回值

（如果有）、产生的任何副作用或异常，以及调用者在调用方法前必须满足的任何其他要求。

数据结构成员级注释：数据结构中字段声明旁的注释，如类的实例变量或静态变量。

实现级注释：方法或函数代码内部的注释，用于描述代码的内部工作方式。

跨模块注释：描述跨模块依赖关系的注释。

最重要的注释是前两类。每个类都应该有接口级注释，每个类变量都应该有注释，每个方法都应该有接口级注释。有时，变量或方法的声明非常明显，没有什么有用的注释可添加（getter 和 setter 有时属于这一类），但这种情况很少见；与其花精力考虑是否需要注释，还不如注释所有内容。实现级注释通常是不必要的（参见 13.6 节）。跨模块注释是所有注释中最罕见的，编写起来也很麻烦，但一旦需要，它们就会变得相当重要。13.7 节将详细讨论跨模块注释。

13.2 不要重复代码

遗憾的是，许多注释并不是特别有用。最常见的原因是注释重复了代码：注释中的所有信息都可以很容易地从注释旁边的代码中推断出来。下面是最近一篇研究论文中出现的代码示例：

```
ptr_copy = get_copy(obj)            # Get pointer copy
if is_unlocked(ptr_copy):           # Is obj free?
    return obj                      # return current obj
```

```
if is_copy(ptr_copy):                    # Already a copy?
  return obj                             # return obj
thread_id = get_thread_id(ptr_copy)
if thread_id == ctx.thread_id:           # Locked by current ctx
  return ptr_copy                        # Return copy
```

这些注释中没有任何有用的信息，只有"Locked by"注释暗示了线程的一些信息，而这些信息在代码中可能并不明显。请注意，这些注释的详细程度与代码大致相同：每行代码有一个注释，对该行进行描述。这样的注释很少有用。

下面是更多重复了代码的注释示例：

```
// Add a horizontal scroll bar
hScrollBar = new JScrollBar(JScrollBar.HORIZONTAL);
add(hScrollBar, BorderLayout.SOUTH);

// Add a vertical scroll bar
vScrollBar = new JScrollBar(JScrollBar.VERTICAL);
add(vScrollBar, BorderLayout.EAST);

// Initialize the caret-position related values
caretX    = 0;
caretY    = 0;
caretMemX = null;
```

这些注释都没有提供任何价值。对于前两个注释，代码已经足够清晰，不需要注释；对于第三种情况，注释可能有用，但目前的注释没有提供足够的细节，因此没有帮助。

写完注释后，问自己以下问题：对于从未见过这段代码的人，能否仅通过注释旁边的代码写出这段注释？如果答案是肯定的，就像上面的例子一样，那么注释并不能让代码更容易理解。正是因为这样的注释，有些人才认为注释毫无价值。

另一个常见错误是在注释中使用与所记录实体名称相同的词语：

```
/*
 * Obtain a normalized resource name from REQ.
 */
private static String[] getNormalizedResourceNames(
        HTTPRequest req) ...

/*
 * Downcast PARAMETER to TYPE.
 */
private static Object downCastParameter(String parameter,
        String type) ...

/*
 * The horizontal padding of each line in the text.
 */

private static final int textHorizontalPadding = 4;
```

🚩 警示信号：注释重复了代码

如果注释中的信息在注释旁边的代码中显而易见，那么该注释就没有任何帮助。上述例子就是注释中使用了与所描述事物名称相同的词语。

这些注释只是将方法或变量名中的单词（或许再加上几个参数名和类型中的单词）组成一个句子。例如，第二个注释中唯一没有出现在代

码中的是 "to"！同样，这些注释可能只是看一下声明就能写出来，根本不用了解变量的方法。因此，它们没有任何价值。

同时，注释中还缺少一些重要信息：例如，什么是 "normalized resource name"？"downcast" 是什么意思？"getNormalizedResourceNames" 返回的数组元素是什么？"padding"（填充）的单位是什么？填充是在每行的一边还是两边？如果能在注释中说明这些问题，会很有帮助。

写好注释的第一步，是在注释中使用与所描述实体名称不同的词语。在注释中选择能提供有关实体含义的附加信息的词语，而不是重复实体名称。例如，下面是 textHorizontalPadding 的一个较好的注释：

```
/*
 * The amount of blank space to leave on the left and
 * right sides of each line of text, in pixels.
 */
private static final int textHorizontalPadding = 4;
```

这个注释提供了声明本身不明显的附加信息，如填充单位（pixel）以及填充适用于每行两边的事实。该注释没有使用 "padding" 一词，而是解释了什么是 padding，以防代码阅读者还不熟悉该术语。

13.3 低层注释增加精确度

既然知道了哪些事情不能做，我们就来讨论一下应该在注释中加入哪些信息。注释通过提供不同详细程度的信息来增强代码。有些注释提供了比代码更低层、更详细的信息；这些注释通过阐明代码的确切含义来提高精确度（precision）。其他注释提供比代码更高层、更抽象的信息；这些注释提供直观性（intuition），如代码背后的推理，或更简单、更抽象的代码思考方式。与代码处于同一层次的注释很可能重复了代码。本节将详细讨论低层方法，13.4 节将讨论高层方法。

精确度在注释变量声明（如类实例变量、方法参数和返回值）时最为有用。变量声明中的名称和类型通常不是很精确。注释可以填补缺失的细节，例如以下内容：

- 该变量的单位是什么？
- 边界条件是包含还是排除？
- 如果允许空值，它意味着什么？
- 如果变量指向最终必须释放或关闭的资源，那么谁负责释放或关闭该资源？
- 变量是否存在某些永远为真的属性（不变量）？例如，"此列表总是包含至少一个条目"。

其中一些信息可以通过检查所有使用变量的代码来了解。然而，这样做既费时又容易出错；声明的注释应该足够清晰和完整，否则就没有必要这样做了。顺便说一句，当我说声明的注释应该描述代码中不明显的内容时，"代码"指的是注释（声明）旁边的代码，而不是"应用程序中的所有代码"。

变量注释最常见的问题是注释过于含糊。下面是两个注释不够精确的例子：

```
// Current offset in resp Buffer
uint32_t offset;

// Contains all line-widths inside the document and
// number of appearances.
private TreeMap<Integer, Integer> lineWidths;
```

在第一个例子中，"current"的含义并不明确。在第二个例子中，不清楚 TreeMap 中的键是行宽，而值是出现次数。另外，行宽是以像素还是字符来衡量的？下面的修订注释提供了更多细节：

```
// Position in this buffer of the first object that hasn't
// been returned to the client.
uint32_t offset;

// Holds statistics about line lengths of the form <length, count>
// where length is the number of characters in a line (including
// the newline), and count is the number of lines with
// exactly that many characters. If there are no lines with
// a particular length, then there is no entry for that length.
private TreeMap<Integer, Integer> numLinesWithLength;
```

第二个声明使用了一个更长的名称，传达了更多信息。它还把"width"改成了"length"，因为这个词更容易让人联想到单位是字符而不是像素。请注意，第二个注释不仅记录了每个条目的细节，还记录了如果缺少一个条目将意味着什么。

在记录变量时，要考虑名词而不是动词。换言之，重点是变量代表什么，而不是如何操作它。请看下面的注释：

```
/* FOLLOWER VARIABLE: indicator variable that allows the Receiver and the
 * PeriodicTasks thread to communicate about whether a heartbeat has been
 * received within the follower's election timeout window.
 * Toggled to TRUE when a valid heartbeat is received.
 * Toggled to FALSE when the election timeout window is reset. */
private boolean receivedValidHeartbeat;
```

这段文档描述了类中的几段代码是如何修改变量的。如果注释能描述变量代表什么，而不是照搬代码结构，那么注释会更简短、更有用：

```
/* True means that a heartbeat has been received since the last time
 * the election timer was reset. Used for communication between the
 * Receiver and PeriodicTasks threads. */
private boolean receivedValidHeartbeat;
```

根据这段文档，我们很容易推断出，当收到"heartbeat"时，变量必须设为 true，而当"election timer"重置时，变量必须设为 false。

13.4　高层注释增强直观性

注释增强代码的第二种方式是提供直观性。这些注释要以比代码更高的层次编写。它们省略细节，帮助代码阅读者理解代码的整体意图和结构。这种方法通常用于方法内部注释和接口级注释。例如，请看下面的代码：

```
// If there is a LOADING readRpc using the same session
// as PKHash pointed to by assignPos, and the last PKHash
// in that readRPC is smaller than current assigning
```

```
// PKHash, then we put assigning PKHash into that readRPC.
int readActiveRpcId = RPC_ID_NOT_ASSIGNED;
for (int i = 0; i < NUM_READ_RPC; i++) {
    if (session == readRpc[i].session
            && readRpc[i].status == LOADING
            && readRpc[i].maxPos < assignPos
            && readRpc[i].numHashes < MAX_PKHASHES_PERRPC) {
        readActiveRpcId = i;
        break;
    }
}
```

注释过于低层和详细。一方面，它部分重复了代码：“If there is a LOADING readRpc”只是重复了 readRpc[i].status == LOADING 的测试。另一方面，注释并没有解释这段代码的整体目的，也没有解释它是如何与包含这段代码的方法相匹配的。因此，注释无助于代码阅读者理解代码。

下面是更好的注释：

```
// Try to append the current key hash onto an existing
// RPC to the desired server that hasn't been sent yet.
```

这段注释不包含任何细节，而是在更高层次上描述了代码的整体功能。有了这些高层信息，代码阅读者就可以解释代码中发生的几乎所有事情：循环必须遍历所有现有的远程过程调用（RPC）; session 测试可能用于查看特定 RPC 是否被发送到正确的服务器；LOADING 测试表明 RPC 可以有多种状态，在某些状态下添加更多哈希值是不安全的；MAX_PKHASHES_PERRPC 测试表明单个 RPC 可以发送的哈希值数量是有限制的。注释中唯一没有解释的是 maxPos 测试。此外，新注释还为代码阅读者判断代码提供了依据：它是否完成了向现有 RPC 添加密钥哈希值所需的一切工作？原来的注释没有描述代码的整体意图，因此代码阅读者很难判断代码的行为是否正确。

高层注释比低层注释更难编写，因为你必须以不同的方式思考代码。问问自己：这段代码想要做什么？能解释代码中所有内容的最简单的话是什么？这段代码中最重要的是什么？

工程师往往非常注重细节。我们热爱细节，擅长管理大量细节，这是成为一名优秀工程师的基本条件。但是，优秀的软件设计师也能从细节中抽身出来，从更高的层面思考系统。这意味着要决定系统的哪些方面是最重要的，并且能够忽略低层次的细节，只从系统最基本的特征来考虑系统。这就是抽象的本质（找到一种简单的方法来思考复杂的实体），也是编写高层注释时必须做到的。一个好的高层注释可以表达一个或几个简单的想法，从而提供一个概念框架，例如"append to an existing RPC"。有了这个框架，就很容易理解具体的代码语句与总体目标之间的关系。

下面是另一个代码示例，其中有很好的高层注释：

```
if (numProcessedPKHashes < readRpc[i].numHashes) {
    // Some of the key hashes couldn't be looked up in
    // this request (either because they aren't stored
    // on the server, the server crashed, or there
    // wasn't enough space in the response message).
    // Mark the unprocessed hashes so they will get
    // reassigned to new RPCs.
    for (size_t p = removePos; p < insertPos; p++) {
```

```
            if (activeRpcId[p] == i) {
                if (numProcessedPKHashes > 0) {
                    numProcessedPKHashes--;
                } else {
                    if (p < assignPos)
                        assignPos = p;
                    activeRpcId[p] = RPC_ID_NOT_ASSIGNED;
                }
            }
        }
    }
```

　　这段注释做了两件事。第二句话抽象地描述了代码的作用。第一句则不同：（用高层术语）解释了为什么要执行代码。"我们是如何到达这里的"，这种形式的注释对于帮助人们理解代码非常有用。例如，在记录一个方法时，描述该方法最有可能被调用的条件（特别是如果该方法只在不寻常的情况下被调用），这会非常有帮助。

13.5　接口文档

　　注释的重要作用之一是定义抽象。第 4 章曾提到，抽象是实体的简化视图，它保留了基本信息，但省略了可以完全忽略的细节。代码不适合用来描述抽象，因为它的层次太低，而且包含了抽象中不可见的实现细节。描述抽象的唯一方法就是注释。如果想让代码呈现良好的抽象，就必须用注释来记录这些抽象。

　　记录抽象的第一步是将接口注释与实现注释分开。接口注释提供了人们在使用类或方法时需要了解的信息，它们定义了抽象。实现注释描述类或方法如何通过内部工作来实现抽象。将这两种注释分开很重要，这样接口的用户就不会接触到实现细节。此外，这两种形式最好是不同的。如果接口注释必须同时描述实现，那么类或方法就是浅的。这意味着编写注释的行为可以提供设计质量的线索。第 15 章将再次讨论这一观点。

类的接口注释提供了类所提供的抽象的高层描述，例如以下内容：

```
/**
 * This class implements a simple server-side interface to the HTTP
 * protocol: by using this class, an application can receive HTTP
 * requests, process them, and return responses. Each instance of
 * this class corresponds to a particular socket used to receive
 * requests. The current implementation is single-threaded and
 * processes one request at a time.
 */
public class Http {...}
```

这段注释描述了类的整体功能，没有任何实现细节，甚至没有特定方法的具体细节。它还描述了该类的每个实例所代表的功能。最后，注释描述了该类的局限性（不支持多线程并发访问），这对考虑是否使用该类的开发者可能很重要。

方法的接口注释既包括用于抽象的高层信息，也包括用于提高精确度的低层细节。

- 注释通常以一两句话开头，描述调用者观察到的方法行为；这是更高层的抽象。
- 注释必须描述每个参数和返回值（如果有）。这些注释必须非常精确，必须描述参数值的任何限制以及参数之间的依赖关系。

- 如果方法有任何副作用，必须在接口注释中加以说明。副作用是指方法产生的任何影响系统未来行为但不属于返回结果的后果。例如，如果方法在内部数据结构中添加了一个值，而这个值可以通过将来的方法调用来获取，这就是一个副作用；向文件系统写入内容也是一个副作用。

- 方法的接口注释必须描述该方法可能产生的任何异常。

- 如果在调用方法之前有任何必须满足的先决条件，也必须加以说明（也许必须先调用其他方法；对于二分搜索方法，必须对正在搜索的列表进行排序）。尽量减少先决条件是个好主意，但必须记录所有留下的先决条件。

下面是一个从 Buffer 对象中复制数据的方法的接口注释：

```
/**
 * Copy a range of bytes from a buffer to an external location.
 *
 * \param offset
 *      Index within the buffer of the first byte to copy.
 * \param length
 *      Number of bytes to copy.
 * \param dest
 *      Where to copy the bytes: must have room for at least
 *      length bytes.
 *
 * \return
 *      The return value is the actual number of bytes copied,
 *      which may be less than length if the requested range of
 *      bytes extends past the end of the buffer. 0 is returned
```

```
*       if there is no overlap between the requested range and
*       the actual buffer.
*/
uint32_t
Buffer::copy(uint32_t offset, uint32_t length, void* dest)
...
```

该注释的语法（如 \return）遵循 Doxygen 的约定，Doxygen 是一个从 C/C++ 代码中提取注释并将其编译成网页的程序。注释的目的是提供开发者调用该方法所需的所有信息，包括如何处理特殊情况（注意该方法如何遵循第 10 章的建议，将与范围规范相关的错误定义为不存在）。开发者应该不需要阅读方法的代码就能调用它，接口注释也没有提供关于方法如何实现的信息，例如它如何扫描内部数据结构以找到所需的数据。

举一个更广泛的例子，考虑一个名为 IndexLookup 的类，它是分布式存储系统的一部分。存储系统包含一系列表，每个表都包含许多对象。此外，每个表都可以有一个或多个索引；每个索引都可以根据对象的特定字段对表中的对象进行有效访问。例如，一个索引可用于根据名称字段查找对象，另一个索引可用于根据年龄字段查找对象。有了这些索引，应用程序就可以快速提取具有特定名称的所有对象，或者提取年龄在给定范围内的所有对象。

IndexLookup 类为执行索引查找提供了一个方便的接口。下面举例说明如何在应用程序中使用该类：

```
query = new IndexLookup(table, index, key1, key2);
while (true) {
```

```
object = query.getNext();
if (object == NULL) {
    break;
}
... process object ...
}
```

应用程序首先构建一个 IndexLookup 类型的对象，并提供选择表、索引和索引范围的参数（例如，如果索引基于年龄字段，则 key1 和 key2 可指定为 21 和 65，以选择年龄在这两个值之间的所有对象）。然后，应用程序会反复调用 getNext 方法。每次调用都会返回一个在所指定范围内的对象；一旦返回了所有匹配对象，getNext 就会返回 NULL。因为存储系统是分布式的，所以该类的实现有些复杂。表中的对象可能分布在多个服务器上，每个索引也可能分布在一组不同的服务器上；IndexLookup 类中的代码必须首先与所有相关的索引服务器通信，以收集范围内对象的信息，然后必须与实际存储对象的服务器通信，以检索它们的值。

现在，让我们考虑一下该类的接口注释中需要包含哪些信息。对于下面给出的每一条信息，请在心里默默问自己，开发者是否需要知道这些信息才能使用该类（我对问题的回答在本章末尾）。

1）IndexLookup 类向持有索引和对象的服务器发送的信息格式。

2）用于确定特定对象是否在所需范围内的比较函数。（是使用整数、浮点数还是字符串进行比较？）

3）用于在服务器上存储索引的数据结构。

4）IndexLookup 是否同时向不同服务器发出多个请求。

5）处理服务器崩溃的机制。

以下是 IndexLookup 类接口注释的最初版本；节选部分还包括该类
定义中的几行，注释中提到了这几行：

```
/*
 * This class implements the client side framework for index range
 * lookups. It manages a single LookupIndexKeys RPC and multiple
 * IndexedRead RPCs. Client side just includes "IndexLookup.h" in
 * its header to use IndexLookup class. Several parameters can be set
 * in the config below:
 * - The number of concurrent indexedRead RPCs
 * - The max number of PKHashes a indexedRead RPC can hold at a time
 * - The size of the active PKHashes
 *
 * To use IndexLookup, the client creates an object of this class by
 * providing all necessary information. After construction of
 * IndexLookup, client can call getNext() function to move to next
 * available object. If getNext() returns NULL, it means we reached
 * the last object. Client can use getKey, getKeyLength, getValue,
 * and getValueLength to get object data of current object.
 */
class IndexLookup {
    ...
  private:
    /// Max number of concurrent indexedRead RPCs
    static const uint8_t NUM_READ_RPC = 10;
    /// Max number of PKHashes that can be sent in one
    /// indexedRead RPC
    static const uint32_t MAX_PKHASHES_PERRPC = 256;
    /// Max number of PKHashes that activeHashes can
    /// hold at once.
    static const size_t MAX_NUM_PK = (1 << LG_BUFFER_SIZE);
}
```

在继续阅读之前，看看你能否找出这段注释中存在的问题。以下是
我发现的问题。

- 第一段的大部分内容涉及的是实现，而不是接口。例如，用户
  不需要知道用于与服务器通信的特定远程过程调用的名称。第
  一段后半部分提到的配置参数都是私有变量，只与类的维护者
  有关，与用户无关。所有这些实现信息都应从注释中删除。

- 注释中还包含了一些显而易见的内容。例如，没有必要告诉用
  户包含 IndexLookup.h：任何编写 C++ 代码的人都能猜到这是
  必要的。此外，"by providing all necessary information"（通过
  提供所有必要信息）这段文字什么也没说，因此可以省略。

对这个类，较短的注释即可（最好）：

```
/*
 * This class is used by client applications to make range queries
 * using indexes. Each instance represents a single range query.
 *
 * To start a range query, a client creates an instance of this
 * class. The client can then call getNext() to retrieve the objects
 * in the desired range. For each object returned by getNext(), the
 * caller can invoke getKey(), getKeyLength(), getValue(), and
 * getValueLength() to get information about that object.
 */
```

这段注释的最后一段并非完全必要，因为它主要重复了单个方法注
释中的信息。不过，在类文档中提供示例说明其方法如何协同工作可能
会有所帮助，特别是对于使用模式不明显的深类。请注意，新注释没有
提及 getNext 的 NULL 返回值。这段注释无意记录每个方法的每个细节；

它只是提供高层信息，帮助代码阅读者理解这些方法如何协同工作，以及何时可能调用某个方法。有关详细信息，代码阅读者可以参阅各个方法的接口注释。本注释也没有提及服务器崩溃，这是因为本类的用户看不到服务器崩溃（系统会自动恢复）。

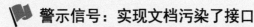

警示信号：实现文档污染了接口

当接口文档（如方法文档）描述了使用文档所不需要的实现细节时，就会出现这种警示信号。

现在请看下面的代码，它显示了 IndexLookup 中 isReady 方法的第一版文档：

```
/**
 * Check if the next object is RESULT_READY. This function is
 * implemented in a DCFT module, each execution of isReady() tries
 * to make small progress, and getNext() invokes isReady() in a
 * while loop, until isReady() returns true.
 *
 * isReady() is implemented in a rule-based approach. We check
 * different rules by following a particular order, and perform
 * certain actions if some rule is satisfied.
 *
 * \return
 *      True means the next Object is available. Otherwise, return
 *      false.
 */
bool IndexLookup::isReady() { ... }
```

再次重申，大部分文档，例如对 DCFT 的引用和整个第二段，都与实现有关，因此不应出现在这里；这是接口注释中常见的错误之一。有些实现文档是有用的，但应该放在方法内部，与接口文档明确分开。此外，文档的第一句话令人费解（RESULT_READY 是什么意思？）。最后，这里没有必要描述 getNext 的实现。下面是一个更好的注释版本：

```
/*
 * Indicates whether an indexed read has made enough progress for
 * getNext to return immediately without blocking. In addition, this
 * method does most of the real work for indexed reads, so it must
 * be invoked (either directly, or indirectly by calling getNext) in
 * order for the indexed read to make progress.
 *
 * \return
 *      True means that the next invocation of getNext will not block
 *      (at least one object is available to return, or the end of the
 *      lookup has been reached); false means getNext may block.
 */
```

这一版本的注释提供了有关"is Ready"含义的更精确信息，并提供了一个重要信息，即如果索引检索要取得进展，最终必须调用该方法。

13.6　实现注释：做什么和为什么，而不是怎么做

实现注释是出现在方法内部的注释，用于帮助代码阅读者理解方法的内部工作原理。大多数方法都非常简短，不需要任何实现注释：只要有代码和接口注释，就很容易弄明白方法是如何工作的。

实现注释的主要目的是帮助代码阅读者理解代码在做什么（而不是如何做）。一旦代码阅读者知道代码要做什么，通常就很容易理解代码是如何工作的。对于简短的方法，代码只做一件事，这已经在接口注释中描述过了，因此不需要实现注释。较长的方法有多个代码块，作为方法整体任务的一部分，每个代码块实现不同的功能。应在每个主要代码块前添加注释，对该代码块的功能进行高层（更抽象）的描述。下面是一个例子：

```
// Phase 1: Scan active RPCs to see if any have completed.
```

这样的注释有助于代码阅读者浏览代码，找到相关的部分。对于循环，在循环前添加注释说明每次迭代中发生的情况对阅读者是很有帮助的：

```
// Each iteration of the following loop extracts one request from
// the request message, increments the corresponding object, and
// appends a response to the response message.
```

请注意该注释是如何在更抽象、更直观的层次上描述循环的；它并没有详细说明如何从请求消息中提取请求或如何递增对象。只有较长或较复杂的循环才需要循环注释，因为在这种情况下，循环正在做什么可能并不明显；许多循环都很简短，其行为已经显而易见。

除了说明代码在做什么，实现注释还有助于解释为什么要这样做。如果代码中存在一些令人费解的方面，读起来并不显而易见，你应该将其记录下来。例如，如果缺陷修复需要添加目的不太明显的代码，则应添加注释说明为什么需要这些代码。对于已经有详细描述问题的缺陷报告的缺陷修复，注释可以参考缺陷跟踪数据库中的问题，而不是重复所有细节（"修复 RAM-436，与 Linux 2.4.x 中设备驱动程序崩溃有关"）。开发者可以在缺陷跟踪数据库中查找更多细节（这是避免在注释中重复的一个例子，将在第 16 章中讨论）。

对于较长的方法，为最重要的局部变量写注释对阅读者可能会有帮助。不过，大多数局部变量如果有好的名字，就不需要编写注释。如果一个变量的所有用途都在几行之内，那么通常不需要注释也能很容易理解变量的用途。在这种情况下，代码阅读者可以通过阅读代码来了解变量的含义。但是，如果变量在代码中的使用跨度很大，就应该考虑添加注释来描述变量。在记录变量时，应将重点放在变量的含义上，而不是在代码中如何操作它。

13.7　跨模块设计决策

在一个完美的世界里，每一个重要的设计决策都会封装在一个类中。遗憾的是，实际系统中不可避免地会出现影响多个类的设计决策。例如，网络协议的设计会同时影响发送方和接收方，而这些协议可能在不同的地方实现。跨模块的设计决策往往是复杂而微妙的，而且它们会导致许多缺陷，因此完善的文档是至关重要的。

跨模块文档的最大挑战是找到一个能让开发者自然而然地发现它的地方。有时，有一个明显的中心位置可以放置此类文档。例如，RAMCloud 存储系统定义了一个 Status 值，每个请求都会返回该值，以表示成功或失败。为新的错误条件添加 Status 需要修改许多不同的文件（一个文件将 Status 值映射到异常，另一个文件针对每个 Status 值提供

人类可读的消息, 等等)。好在添加新的状态值时, 有一个显而易见的
地方是开发者必须去的, 那就是 Status 枚举的声明。我们利用这一点,
在该枚举中添加了注释, 以标识所有其他必须修改的地方:

```cpp
typedef enum Status {
    STATUS_OK                       = 0,
        STATUS_UNKNOWN_TABLET       = 1,
        STATUS_WRONG_VERSION        = 2,
        ...
        STATUS_INDEX_DOESNT_EXIST   = 29,
        STATUS_INVALID_PARAMETER    = 30,
        STATUS_MAX_VALUE            = 30,

        // Note: if you add a new status value you must make the
        // following additional updates:
        // (1) Modify STATUS_MAX_VALUE to have a value equal to the
        //     largest defined status value, and make sure its definition
        //     is the last one in the list. STATUS_MAX_VALUE is used
        //     primarily for testing.
        // (2) Add new entries in the tables "messages" and "symbols" in
        //     Status.cc.
        // (3) Add a new exception class to ClientException.h
        // (4) Add a new "case" to ClientException::throwException to map
        //     from the status value to a status-specific ClientException
        //     subclass.
        // (5) In the Java bindings, add a static class for the exception
        //     to ClientException.java
        // (6) Add a case for the status of the exception to throw the
        //     exception in ClientException.java
        // (7) Add the exception to the Status enum in Status.java, making
        //     sure the status is in the correct position corresponding to
        //     its status code.
    }
```

新的状态值将被添加到现有列表的末尾，因此注释也会被放在末尾，因为它们最有可能被看到。

遗憾的是，在很多情况下，并没有一个明显的中心位置来放置跨模块文档。RAMCloud 存储系统中的一个例子是处理僵尸服务器的代码，僵尸服务器是指系统认为已经崩溃但实际上仍在运行的服务器。消除僵尸服务器需要多个不同模块中的代码，而这些代码都相互依赖。在这些代码中，没有一个明显的中心位置可以放置文档。一种可能的做法是在每个依赖文档的地方复制部分文档。然而，这样做很不方便，而且很难随着系统的发展不断更新这些文档。或者，可以将文档放在需要它的地方，但在这种情况下，开发者不太可能看到文档，也不知道去哪里找。

我最近在尝试一种方法，将跨模块问题都记录在一个名为 designNotes 的中心文件中。该文件被划分为标签清晰的部分，每个部分代表一个主要主题。例如，下面是该文件的摘录：

```
...
Zombies
-------

A zombie is a server that is considered dead by the rest of the cluster;
any data stored on the server has been recovered and will be managed by
other servers. However, if a zombie is not actually dead (e.g., it was just
disconnected from the other servers for a while) two forms of inconsistency
can arise:

* A zombie server must not serve read requests once replacement servers have
taken over; otherwise it may return stale data that does not reflect writes
accepted by the replacement servers.

* The zombie server must not accept write requests once replacement servers
have begun replaying its log during recovery; if it does, these writes may be
lost (the new values may not be stored on the replacement servers and thus
```

```
will not be returned by reads).
RAMCloud uses two techniques to neutralize zombies. First,
...
```

然后，在所有与这些问题之一相关的代码中，都会有一个简短的注释提及 designNotes 文件：

```
// See "Zombies" in designNotes.
```

采用这种方法，文档只有一份副本，开发者在需要时比较容易找到。不过，这种方法也有缺点，那就是文档不靠近任何依赖于它的代码，因此可能很难随着系统的发展而不断更新。

13.8　结论

注释的目的是确保系统的结构和行为对代码阅读者是显而易见的，这样他们就可以快速找到所需的信息，并有信心对系统进行修改。有些信息可以在代码中以代码阅读者一目了然的方式表示出来，但也有大量信息无法轻易从代码中推断出来。注释可以填补这些信息。

在遵循注释应描述代码中不明显的内容这一规则时，"明显"是从第一次阅读你的代码的人（而不是你自己）的角度来看的。在编写注释时，试着设身处地为代码阅读者着想，问问自己，代码阅读者需要知道哪些关键内容。如果你的代码正在接受审核，而审核者告诉你有些地方不明显，不要与他们争论；如果代码阅读者认为不明显，那就是不明显。与其争论，不如试着去理解他们感到困惑的地方，看看是否可以通过更好的注释或更好的代码来澄清。

13.9　13.5 节问题解答

要使用 IndexLookup 类，开发者是否需要知道以下每项信息？

1）IndexLookup 类向持有索引和对象的服务器发送的信息格式。否：这是一个实现细节，应隐藏在类中。

2）用于确定特定对象是否在所需范围内的比较函数。（是使用整数、浮点数还是字符串进行比较？）是：类的用户需要知道这些信息。

3）用于在服务器上存储索引的数据结构。否：该信息应封装在服务器上；甚至 IndexLookup 的实现也不需要知道该信息。

4）IndexLookup 是否同时向不同服务器发出多个请求。可能：如果 IndexLookup 使用特殊技术来提高性能，那么文档中就应该提供一些相关的高层信息，因为用户可能会关心性能。

5）处理服务器崩溃的机制。否：RAMCloud 会自动从服务器崩溃中恢复，所以应用程序级软件看不到崩溃；因此，没有必要在 IndexLookup 的接口文档中提及崩溃。如果崩溃会反映到应用程序上，那么接口文档就需要描述崩溃的表现形式（但不包括崩溃恢复工作的细节）。

第 14 章　选择名称

为变量、方法和其他实体选择名称是软件设计中最容易被低估的。好的名称就是一种文档：它们使代码更容易被理解。它们减少了对其他文档的需求，使错误更容易被发现。相反，糟糕的名称选择会增加代码的复杂性，产生歧义和误解，从而导致缺陷。名称选择是"复杂性是增量的"这一原则的一个例子。为某个变量选择一个普通的名称，而不是尽可能好的名称，这可能不会对系统的整体复杂性产生太大影响。然而，软件系统有成千上万个变量；为所有变量选择好的名称将对复杂性和可管理性产生重大影响。

14.1　示例：糟糕的名称会导致缺陷

有时，一个命名不当的变量也会造成严重的后果。我曾经修复过的最具挑战性的缺陷就是因为变量名选择不当造成的。20 世纪 80 年代末至 90 年代初，我和我的研究生创建了一个名为"Sprite"的分布式操作系统。我们注意到，文件偶尔会丢失数据：即使文件没有被用户修改过，其中一个数据块也会突然全部变为零。这个问题并不经常发生，所以追踪起来异常困难。几名研究生试图找到这个缺陷，但他们无法取得进展，最终放弃了。不过，我认为任何未解决的缺陷都是对我个人的侮辱，所以我决定追查下去。

虽然花了 6 个月的时间，但我最终还是找到并修复了这个缺陷。问题其实很简单（大多数缺陷都很简单，只要你发现了它们）。文件系统代码将变量名 block 用于两种不同的用途。在某些情况下，block 指的是磁盘上的物理块编号；而在其他情况下，block 指的是文件中的逻辑块编号。遗憾的是，在代码的某一个点上，有一个包含逻辑块编号的 block 变量，意外地用在了需要物理块编号的地方，结果磁盘上一个无关的块被零覆盖了。

在追踪这个缺陷的过程中，包括我在内的几个人都读过有问题的代码，但我们从来没有注意到这个问题。当我们看到变量 block 被用作物理块编号时，我们条件反射般地认为它确实保存了一个物理块编号。经过漫长的检测过程，最终发现损坏一定发生在特定语句中，我才得以摆脱名称造成的心理障碍，去检查变量值的确切来源。如果对不同类型的块使用不同的变量名，如 fileBlock 和 diskBlock，就不太可能出现这种错误；程序员会知道在这种情况下不能使用 fileBlock。更好的办法是为两种不同的块定义不同的类型，这样它们就不可能互换。

遗憾的是，大多数开发者都不会花太多时间去考虑名称。他们倾向于使用想到的第一个名称，只要这个名称与所命名的事物相当接近即可。例如，block 与磁盘上的物理块和文件中的逻辑块都非常接近——这当然不是一个可怕的名称。但是，就因为它，我耗费了大量时间来追踪一个微妙的缺陷。因此，你不应该满足于那些"相当接近"的名称，要多花点时间选择准确、清晰、直观的好名称。这些额外的关注很快就会得到回报，而且随着时间的推移，你将学会快速选择好的名称。

14.2　塑造形象

在选择名称时，我们的目标是在代码阅读者的脑海中建立一个关于被命名事物性质的形象。一个好的名称能传达大量信息，说明基本实体是什么、不是什么（这同样重要）。在考虑某个名称时，问问自己："如果有人孤立地看到这个名称，而没有看到它的声明、文档或使用该名称的任何代码，他们能猜出这个名称指的是什么吗？是否有其他名称可以更清晰地描述呢？"当然，单个名称所能包含的信息量是有限的；如果名称包含两三个以上的单词，就会变得很笨重。

因此，我们面临的挑战是找到几个能概括实体最重要方面的词语。

名称是一种抽象形式：它们提供了一种简化的方式来思考更为复杂的基本实体。与其他形式的抽象一样，最好的名称是那些能将注意力集中在基本实体最重要的方面，而略去不那么重要的细节的名称。

14.3　名称应精确

好的名称有两个特性：精确性和一致性。先说精确性。名称最常见的问题是过于笼统或含糊不清，因此，代码阅读者很难辨别名称所指的是什么。代码阅读者可能会认为名称所指的是与实际情况不同的东西，如上面的 block 缺陷。请看下面的方法声明：

```
/**
 * Returns the total number of indexlets this object is managing.
 */
int IndexletManager::getCount() {...}
```

数据项"Count"过于笼统：关于什么的计数？如果有人看到这个方法的调用，除非阅读其文档，否则不太可能知道它用于做什么。更精确的名称，如 numActiveIndexlets 会更好：许多代码阅读者可能不用看文档就能猜到该方法的返回值。

 警示信号：含糊的名称

如果一个变量或方法的名称足够宽泛，可以指代许多不同的事物，那么它就无法向开发者传达太多信息，它所表示的实体也更容易被误用。

下面是其他一些不够精确的名称示例，摘自不同的学生项目。

● 一个构建图形用户界面文本编辑器的项目使用 x 和 y 来指代文件中字符的位置。这些名称过于通用。例如，它们也可以表示字符在屏幕上的坐标（像素）。单独看到 x 这个名称的人不太可能认为它指的是一行文本中某个字符的位置。如果使用 charIndex 和 lineIndex 这样的名称，代码会更加清晰，因为它们反映了代码所实现的特定抽象概念。

● 另一个编辑器项目包含以下代码：

```
// Blink state: true when cursor visible.
private boolean blinkStatus = true;
```

blinkStatus 这个名称没有传达足够的信息。对于布尔值来说，"status"（状态）一词过于含糊：它没有给出真值或假值的含义。而 "blink"（闪烁）这个词也很含糊，因为它没有说明闪烁的是什么。下面的替代方案更好：

```
// Controls cursor blinking: true means the cursor is visible,
// false means the cursor is not displayed.
private boolean cursorVisible = true;
```

cursorVisible 这个名称传达了更多信息，例如，它可以让代码阅读者猜测真值的含义（一般来说，布尔变量的名称应始终是谓词）。名称中不再包含 "blink" 一词，因此代码阅读者如果想知道为什么光标并不总是可见，就必须查阅文档；但这一信息并不那么重要。

● 一个实现共识协议的项目包含以下代码：

```
// Value representing that the server has not voted (yet) for
// anyone for the current election term.
private static final String VOTED_FOR_SENTINEL_VALUE = "null";
```

这个值的名称表明它很特殊，但没有说明特殊的含义是什么。最好使用更具体的名称，如 NOT_YET_VOTED。

● 在一个没有返回值的方法中使用了一个名为 result 的变量。这个名称有多个问题。首先，它给人一种误导，让人以为它就是方法的返回值。其次，除了说明它是某个计算值，基本上没有提供任何关于它的实际信息。名称应提供有关实际结果的信息，如 mergedLine 或 totalChars。在确实有返回值的方法中，使用 result 名称是合理的。这个名称仍然有点笼统，但代码阅读者可以通过查看方法文档来了解其含义，而且知道该值最终将成为返回值也是很有帮助的。

- Linux 内核包含两种描述网络套接字的结构：struct socket 和 struct sock。struct sock 的第一个元素是一个 struct socket，它实际上是 struct socket 的子类。这些名称非常相似，以至于很难分清它们。最好选择易于区分并明确两种类型之间关系的名称，如 struct sock_base 和 struct inet_sock。

与所有规则一样，选择精确名称的规则也有一些例外。例如，使用 i 和 j 这样的通用名称作为循环迭代变量，只要循环只有几行代码，这是可以的。如果你能看到变量的整个使用范围，那么变量的含义很可能在代码中一目了然，因此你不需要一个很长的名字。例如，请看下面的代码：

```
for (i = 0; i < numLines; i++) {
    ...
}
```

从这段代码中可以清楚地看出，i 用于遍历某个实体中的每一行。如果循环太长，以至于无法一次看完，或者迭代变量的含义很难从代码中找出，那么就需要一个更有描述性的名称。

名称过于具体也是有可能的，例如在下面这个删除文本范围的方法的声明中：

```
void delete(Range selection) {...}
```

参数名称 selection 过于具体，因为它暗示要删除的文本是当前在用户界面中选中的文本。然而，无论是否被选中，都可以对任何范围的文本调用此方法。因此，参数名称应该更通用，如 range。

如果你发现很难为某个变量取一个精确、直观、不长的名称，这就是一个警示信号。这说明变量可能没有明确的定义或目的。出现这种情况时，可以考虑其他的分解方式。例如，也许你正试图用一个变量来表示多个事物，如果是这样，将其分为多个变量可能会使每个变量的定义更简单。通过找出名称的弱点，选择好名称的过程可以改进设计。

📖 警示信号：难以取名

如果很难为一个变量或方法找到一个简单的名称，从而为所代表的对象创建一个清晰的形象，这就暗示该对象可能没有一个简洁的设计。

14.4　一致地使用名称

好名称的第二个重要特性是一致性。在任何程序中，都会重复使用某些变量。例如，文件系统会重复操作块编号。针对每一种常见用法，都要选择一个用于该目的的名称，并在所有地方使用相同的名称。例如，文件系统可能总是使用 fileBlock 来保存文件中块的索引。一致的命名方式与重复使用常用类的方式相同，可以减少认知负担：一旦代码阅读者在一个上下文中见过该名称，他们就可以重复使用自己的知识，并在不同上下文中看到该名称时立即做出假设。

一致性有 3 个要求：第一，始终将通用名称用于指定的目标；第二，绝不将通用名称用于指定目标之外的任何其他目标；第三，确保目标足够狭窄，以至于所有使用该名称的变量都具有相同的行为。本章开头的文件系统缺陷就违反了第三个要求。文件系统对具有两种不同行为（文件块和磁盘块）的变量使用了 block，这导致了对变量含义的错误假设，进而产生了缺陷。

有时，你需要多个变量来指代同一类事物。例如，复制文件数据的方法需要两个数据块编号，一个是源数据块编号，另一个是目标数据块编号。遇到这种情况时，可以为每个变量使用通用名称，但要添加一个区别性前缀，如 srcFileBlock 和 dstFileBlock。

循环是另一个需要一致命名的地方。如果你用 i 和 j 这样的名称作为循环变量，那么在最外层循环中一定要使用 i，在嵌套循环中一定要使用 j。这样，代码阅读者在看到给定的名称时，就能对代码中发生的事情立刻（安全地）做出假设。

14.5　避免多余的词

名称中的每个词都应提供有用的信息，无助于明确变量含义的词只会增加杂乱（例如，它们可能导致更多的行换行）。一个常见的错误是在名称中添加诸如 field 或 object 之类的通用名词，如 fileObject。在这种情况下，object 一词可能无法提供有用的信息（是否也有不是对象的文件？），所以应该从名称中略去。

有些编码方式在名称中包含类型信息，如 filePtr 表示指向文件对象的指针变量。匈牙利命名法就是一个极端的例子，微软公司多年来一直使用这种符号进行 C 语言编程。在匈牙利命名法中，每个变量名都有一个前缀，表示其完整类型。例如，arru8NumberList 表示该变量是一个无符号 8 位整数数组。虽然过去我也曾在变量名中包含类型信息，但现在我不再推荐这样做了。在现代集成开发环境中，很容易从变量名链接到变量声明（集成开发环境甚至会自动显示类型信息），因此没有必要在变量名中包含这些信息。

另一个无关词的例子是类的实例变量重复类名，例如名为 File 的类中的实例变量 fileBlock。从上下文中可以明显看出，该变量是 File 类的一部分，因此在变量名中包含类名不会提供任何有用信息。只需将变量命名为 block 即可（除非类中包含多个不同类型的块）。

14.6 不同意见：Go 风格指南

并非所有人都赞同我对命名的看法。Go 语言的一些开发者认为，命名应该非常简短，通常只有一个字符。Andrew Gerrand 在一次关于 Go 命名选择的演讲中指出，"冗长的名称会掩盖代码的作用"。他介绍了这个使用单字母变量名的代码示例：

```
func RuneCount(b []byte) int {
    i, n := 0, 0
```

```
for i < len(b) {
    if b[i] < RuneSelf {
        i++
    } else {
        _, size := DecodeRune(b[i:])
        i += size
    }
    n++
}
return n
}
```

并且认为它比下面使用较长名称的版本更具可读性：

```
func RuneCount(buffer []byte) int {
    index, count := 0, 0
    for index < len(buffer) {
        if buffer[index] < RuneSelf {
            index++
        } else {
            _, size := DecodeRune(buffer[index:])
            index += size
        }
        count++
    }
    return count
}
```

我个人并不认为第二个版本比第一个版本更难阅读。如果说有什么不同，那就是 count 这个名字比 n 更能让人了解变量的行为。在使用第一个版本时，我经常要通读代码来弄清 n 的含义，而在使用第二个版本时，我就没有这种感觉了。但是，如果 n 在整个系统中被一致用于指代计数（而不是其他），那么其他开发者可能会很清楚这个简短的名称。

　　Go 语言文化鼓励使用相同的简称来表示多种不同的事物：ch 表示字符或通道，d 表示数据、差异或距离，等等。在我看来，像这样模棱两可的名称很可能导致混淆和错误，就像 block 的例子一样。

　　总之，我认为可读性必须由代码阅读者而不是代码编写者来决定。如果你用简短的变量名编写代码，而阅读的人觉得很容易理解，那就没问题。如果你开始收到抱怨，说你的代码令人费解，那么你就应该考虑使用更长的名称［在网上搜索 "go language short names"（go 语言的简短名称），就能找到几个这样的抱怨］。同样，如果有人开始抱怨冗长的变量名让我的代码难以阅读，那么我也会考虑使用较短的变量名。

　　我赞同 Gerrand 提出的一个意见："名称的声明和使用之间的距离越远，名称就应该越长。"前面关于使用 i 和 j 作为循环变量的讨论就是这一规则的例子。

14.7　结论

　　精心选择的名称有助于使代码更加显而易见：当别人第一次遇到变量时，他们不假思索地对其行为做出的第一猜测就会是正确的。选择好的名称是第 3 章中讨论的投资心态的一个例子：如果你事先多花一点时间来选择好的名称，那么将来你在处理代码时就会更容易。此外，你也不太可能引入缺陷。培养命名技巧也是一种投资。当你第一次决定不再满足于平庸的名称时，你可能会发现，要想出好的名称既令人沮丧又耗费时间。但是，随着经验的积累，你会发现这变得越来越容易。最终，你会发现选择好名称几乎不需要额外的时间，因此你几乎可以免费获得好处。

第 15 章 先编写注释
（将注释作为设计过程的一部分）

许多开发者在编码和单元测试完成后才开始编写文档。这肯定会导致文档质量低下。编写注释的最佳时间是在这个过程的开始阶段（beginning），也就是编写代码时。先编写注释使文档成为设计过程的一部分。这不仅能产生更好的文档，还能产生更好的设计，并使编写文档的过程更加愉快。

15.1 拖延的注释是糟糕的注释

我见过的几乎所有开发者都会推迟编写注释。当被问及为什么不早点编写文档时，他们会说代码还在不断变化。他们说，如果早编写文档，代码一变就得重写，还是等代码稳定下来再编写吧。不过，我猜想还有另一个原因，那就是他们认为编写文档是苦差事，因此尽量拖，拖得越久越好。

遗憾的是，这种做法会带来一些负面影响。首先，延迟编写文档往往意味着根本不会编写文档。一旦开始拖延，就很容易再拖延一些时间，毕竟，再过几周代码就会更加稳定。当代码无争议地稳定下来时，已经有很多了，这就意味着编写文档的任务已经变得非常艰巨，而且更加没有吸引力。要想停下来几天，把所有缺失的注释都补上，从来都不是一件容易的事。我们很容易会认为，对项目来说最好的事就是继续前进，修复缺陷或编写下一个新特性。这样会产生更多的无文档代码。

即使你很自律，会回去写注释（别自欺欺人了，你可能不会），注释也不会很好。在这一过程中，你的精神已经崩溃了。在你的脑海中，这段代码已经完成，你急于进入下一个项目。你知道编写注释是正确的，但这并不好玩。你只想尽快完成它。于是，你快速浏览了一遍代码，添加了足够多的注释，看起来还算体面。现在，距离你设计代码已经有一段时间了，所以你对设计过程的记忆也变得模糊起来。你在编写注释时看代码，因此注释内容往往与代码存在信息重叠。即使你尝试重新回顾那些在代码中不明显的设计思路，也会有记不清楚的地方。因此，注释中缺少了一些应该描述的、最重要的内容。

15.2　先编写注释

我采用另一种编写注释的方法，即在一开始就编写注释。

- 对于一个新类，我首先编写类的接口注释。
- 接着，我为最重要的公有方法编写接口注释和签名，但方法体则留空。
- 我会反复修改这些注释，直到基本结构感觉差不多为止。
- 这时，我会为类中最重要的类实例变量编写声明和注释。

- 最后，我填写方法的主体，并根据需要添加实现注释。

- 在编写方法主体时，我通常会发现还需要其他方法和实例变量。对于每个新方法，我都会在方法正文主体写上接口注释；对于实例变量，我会在写变量声明的同时编写注释。

代码完成后，注释也就完成了。永远不会积压未编写的注释。

先编写注释的方法有 3 个好处。本节介绍第一个好处，它能产生更好的注释。如果在设计类时就编写注释，关键的设计问题就会历历在目，因此很容易记录下来。最好在每个方法的主体之前编写接口注释，这样你就可以专注于方法的抽象和接口，而不会被其实现所干扰。在编码和测试过程中，你会发现并修正注释中的问题。因此，注释会在开发过程中不断改进。

15.3　注释是一种设计工具

在一开始就编写注释的第二个好处（也是最重要的一个好处）是可以改进系统设计。注释是完全捕捉抽象概念的唯一方法，而好的抽象概念是好的系统设计的基础。如果一开始就写下描述抽象的注释，就可以在编写实现代码之前对其进行审查和调整。要写出好的注释，你必须找出变量或代码的本质：这个东西最重要的方面是什么？在设计过程中尽早做到这一点非常重要，否则你就只是在对付代码而已。

注释是"复杂性矿坑"中的"金丝雀"。如果一个方法或变量需要很长的注释，那就说明你的抽象不够好。请记住第 4 章中说过类应该是深的：最好的类拥有非常简单的接口，但却实现了强大的功能。判断

接口复杂性的最好方法是看描述接口的注释。如果一个方法的接口注释
提供了使用该方法所需的全部信息，而且简短，则表明该方法的接口很
简单；相反，如果没有冗长复杂的注释，就无法完整描述一个方法，那
么这个方法的接口就比较复杂。你可以将方法的接口注释与实现进行比
较，以了解该方法的深度：如果接口注释必须描述实现的所有主要特
性，那么该方法就是浅的。同样的想法也适用于变量：如果需要很长的
注释才能完全描述一个变量，那就意味着你可能没有选择正确的变量分
解方式。总之，编写注释可以让你尽早评估设计决策，从而发现并解决
问题。

> ### 🚩 警示信号：难以描述
>
> 描述方法或变量的注释应该简单而完整。如果你觉得编写这
> 样的注释很困难，那就说明你所描述的东西的设计可能有问题。

当然，注释只有在完整、清晰的情况下才能很好地反映复杂性。如
果你编写的方法接口注释没有提供调用方法所需的全部信息，或者注释
含糊不清，难以理解，那么该注释就不能很好地衡量方法的深度。

15.4　早期注释是有趣的注释

尽早编写注释的第三个（也是最后一个）好处是，它让编写注释变
得更有趣。对我来说，编程过程中令人愉快的部分之一就是新类的早期

设计阶段。在这一阶段，我将充实一个类的抽象和结构。我的大部分注释都是在这一阶段编写的，注释是我记录和检验设计决策质量的方式。我在寻找能用最少的文字完整而清晰地表达出来的设计。注释越简单，我对设计的感觉就越好，因此找到简单的注释是我的骄傲。如果你的编程是战略性的，你的主要目标是一个伟大的设计，而不仅仅是写出能运行的代码，那么编写注释应该是一件有趣的事情，因为这是你识别最佳设计的方法。

15.5　早期注释是否昂贵？

现在让我们重温一下延迟注释的理由，即可以避免在代码演进过程中重新编写注释的成本。一个简单的粗略计算就能说明这并不能节省多少成本。首先，估算一下你输入代码和注释所花费的时间（包括修改代码和注释的时间）占总的开发时间的比例，这不大可能超过全部开发时间的 10%。即使你的代码行中有一半是注释，编写注释所花费的时间也不会超过总开发时间的 5%。将注释推迟到最后编写只会节省其中的一小部分时间，也就是很少的一部分时间。

先编写注释意味着在开始编写代码之前，抽象概念将更加稳定。这可能会节省编码时间。相比之下，如果先编写代码，抽象概念可能会随着代码的编写而演变，这就需要比先编写注释的方法更多的代码修改。考虑到这些因素，总体而言，先编写注释可能更快。

15.6   结论

如果你从未尝试过先编写注释，不妨一试。坚持足够长的时间来适应它。然后想想它对注释质量、设计质量及软件开发的整体乐趣有什么影响。在你尝试一段时间后，请告诉我你的经验是否与我的一致，以及为什么。

第 16 章　修改现有代码

第 1 章介绍了软件开发是如何迭代和增量的。大型软件系统的开发要经历一系列演进阶段，每个阶段都会增加新功能并修改现有模块。这意味着系统的设计是不断演进的。不可能在一开始就为一个系统构想出正确的设计；一个成熟系统的设计更多是由系统演进过程中的变化决定的，而不是由最初的构想决定的。前面的章节介绍了如何在最初的设计和实现过程中尽量降低复杂性；本章将讨论如何在系统演进过程中防止复杂性悄悄潜入。

16.1　持续使用战略性编程

第 3 章介绍了战术性编程和战略性编程之间的区别：在战术性编程中，主要目标是快速实现某些功能，即使这会导致额外的复杂性；而在战略性编程中，最重要的目标是产生出色的系统设计。战术性方法很快就会导致系统设计杂乱无章。如果你想拥有一个易于维护和改进的系统，那么"仅仅能正常运行"并不是一个足够高的标准；你必须优先考虑设计，并从战略性角度思考问题。这一理念同样适用于修改现有代码。

遗憾的是，当开发者开始对现有代码进行缺陷修复或新特性等更改时，他们通常不会进行战略性思考。典型的思维模式是"我能做的最小改动是什么？"有时，开发者会辩解，这是因为他们对修改的代码不放心；他们担心较大的改动会带来引入新缺陷的更大风险。然而，这种做法其实就是战术性编程。每一个最小的改动都会引入一些特殊情况、依赖关系或其他形式的复杂性。结果，系统设计变得越来越糟，问题随着系统的每一步演进而不断累积。

如果想保持系统设计的简洁性，就必须在修改现有代码时采取战略性的方法。理想的情况是，当你完成每一次修改后，系统的结构都会与你从一开始设计时所考虑的结构一样。为了实现这一目标，你必须抵制快速修复的诱惑。而应该根据所期望的变化，思考当前的系统设计是否仍然是最好的。如果不是，就对系统进行重构，从而获得最佳设计。采用这种方式，每次修改都能改进系统设计。

这也是本书 3.3 节介绍的投资心态的一个例子：如果你投入额外的时间来重构和改进系统设计，最终会得到一个更简洁的系统。这将加快开发速度，补偿在重构中投入的工作量。即使特定变更不需要重构，你也应该在代码中寻找可以修复的设计缺陷。每当你修改任何代码时，都要想办法在这个过程中至少改进一点系统设计。如果你没有让设计变得更好，那么很可能会让它变得更糟。

正如第 3 章所述，投资心态有时会与商业软件开发的现实情况相冲突。如果按照"正确的方式"重构系统需要 3 个月的时间，而"快糙猛"的修复只需要两个小时，那么你可能不得不采取"快糙猛"的方法，尤其是在工作时间紧迫的情况下。或者，如果重构系统会产生不兼容，影响到许多其他人和团队，那么重构可能就不切实际了。

尽管如此，你还是应该尽量避免这些妥协。问问自己"在当前的限制条件下，为了创建一个简洁的系统设计，这是我所能做的最好的事情吗？"也许有另一种方法，可以在几天内完成，但几乎和 3 个月的重构一样整洁吗？或者，如果你现在没有能力进行大规模的重构，让你的老板给你分配时间，让你在当前的截止日期之后再回来做这件事。每个开发组织都应计划将总工作量的一小部分用于清理和重构；从长远来看，这项工作会给自己带来回报。

16.2 维护注释：让注释靠近代码

当你修改现有代码时，很有可能会使某些现有注释失效。修改代码时很容易忘记更新注释，导致注释不再准确。过时的注释会让读者感到沮丧，如果过时的注释非常多，读者就会怀疑所有的注释。好在只要稍加约束并遵守几条指导原则，就可以让注释跟上代码的变化，而无需很大的工作量。本节和以下几节将介绍一些具体的技巧。

确保注释得到更新的最佳方法，是将注释放置在靠近其描述的代码的位置，这样开发者在修改代码时就能看到注释。注释离相关代码越远，正确更新的可能性就越小。例如，方法的接口级注释最好放在代码文件中，紧靠方法的主体。对方法的任何修改都会涉及这段代码，因此开发者很可能会看到接口级注释，并在需要时对其进行更新。

在 C 和 C++ 等代码和头文件分离的语言中，可选的方法是将接口注释放在 .h 文件中方法声明的旁边。然而，这离代码很远；开发者在修改方法的主体时看不到这些注释，打开另一个文件并找到接口级注释来更新它们还需要额外的工作。有些人可能会说，接口级注释应该放在头文件中，这样用户就可以学习如何使用抽象，而不必查看代码文件。然而，用户不应该阅读代码或头文件；他们应该从 Doxygen 或 Javadoc 等工具编译的文档中获取信息。此外，许多集成开发环境会提取并向用户展示文档，例如在输入方法名称时显示该方法的文档。有了这些工具，文档就应该放在最方便开发者处理代码的地方。

在编写实现级注释时，不要将整个方法的所有注释都放在方法的顶部。将注释分散开来，将每个注释限制在最窄的范围，包括注释中提到的所有代码。例如，如果一个方法包含 3 个主要阶段，不要在方法顶部写一个注释来详细描述所有阶段。应该为每个阶段写一条单独的注释，并将该注释放在该阶段第一行代码的上方。另一方面，在方法实现的顶部写一个注释来描述整体策略也是很有帮助的，比如下面这样：

```
// We proceed in three phases:
// Phase 1: Find feasible candidates
// Phase 2: Assign each candidate a score
// Phase 3: Choose the best, and remove it
```

其他细节可以记录在每个阶段的代码上方。

一般来说，注释离所描述的代码越远，就应该越抽象（这样可以降低注释因代码更改而失效的可能性）。

16.3　注释属于代码，而非提交日志

修改代码时的一个常见错误是，在源代码库的提交日志中写入详细

的修改信息，却不在代码中记录。虽然将来可以通过扫描源代码库的日志来浏览提交信息，但需要这些信息的开发者不太可能想到要扫描源代码库日志。即使他们扫描了日志，要找到正确的日志信息也会很烦琐。

在编写提交日志时问问自己，开发者将来是否需要使用这些信息。如果是，就在代码中记录这些信息。例如，提交日志中描述了一个微妙的问题，而这个问题正是代码变更的原因。如果不在代码中记录这些信息，开发者可能会在日后撤销该变更，而不会意识到他们重新引入了一个缺陷。如果你想在提交日志中也包含这些信息的副本，那也可以，但最重要的是把它们写进代码中。这体现了将文档放在开发者最有可能看到的地方的原则——提交日志通常不是合适的做法。

16.4　维护注释：避免重复

保持注释更新的第二个技巧是避免重复。如果文档重复，开发者就很难找到并更新所有相关副本。与此不同，你应尽量将每个设计决策准确地记录一次。如果代码中有多个地方受到某个特定决策的影响，就不要在这些地方重复编写文档。应找到最明显的一个地方来放置文档。例如，假设有一种与变量相关的令人费解的行为，会影响到使用该变量的多个不同地方。你可以在变量声明旁边的注释中记录这种行为。如果开发者在理解使用该变量的代码时遇到困难，他们很可能会查看这个地方。

如果没有一个"明显"的地方可以放置特定的文档供开发者查找，就可按照 13.7 节所述，创建一个 designNotes 文件。或者，从可用的地方中挑选一个最好的，将文档放在那里。此外，在其他地方添加简短的注释，说明集中放置文档的位置："请参阅 xyz 中的注释，了解下面代码的解释。"如果引用由于主注释被移动或删除而过时，这种不一致性就很明显了，因为开发者在指定位置找不到注释。他们可以使用修订控制历史记录来查找注释发生了什么变化，然后更新引用。与此相反，如果文档是重复的，而其中一些副本没有更新，开发者就不会发现他们正在使用过时的信息。

不要在另一个模块中重新记录一个模块的设计决策。例如，不要在方法调用前添加注释，解释被调用方法中发生了什么。如果读者想知道，他们应该查看该方法的接口级注释。好的开发工具通常会自动提供这些信息，例如，如果你选择了某个方法的名称或将鼠标悬停在该方法上，就会显示该方法的接口级注释。尽量方便开发者找到合适的文档，但要避免重复。

如果在程序之外的某个地方已经有了信息文档，就不要在程序中重复，只需引用外部文档即可。例如，如果你编写了一个实现 HTTP 的类，你就没有必要在代码中描述 HTTP。网络上已经有很多此类文档的来源；只需在代码中添加一个简短的注释，并附上其中一个来源的 URL 即可。另一个例子是用户手册中已有文档说明的特性。假设你正在编写一个实现命令集合的程序，每个命令都有一个负责实现的方法。如果有一本用户手册描述了这些命令，那么就没有必要在代码中重复这些信息。在每个命令方法的接口级注释中加入如下简短注释即可：

```
// Implements the Foo command; see the user manual for details.
```

重要的是，读者可以轻松找到理解代码所需的所有文档，但这并不意味着你必须编写所有文档。

16.5　维护注释：检查差异

确保文档保持最新的一个好方法是，在向修订控制系统提交变更之前，花几分钟时间扫描该提交的所有变更，确保每项变更都正确地反映在文档中。这些提交前的扫描还能发现其他一些问题，比如不小心在系统中留下了调试代码，或者没有修复 TODO 项目。

16.6　更高层次的注释更容易维护

关于文档维护的最后一个想法是：如果注释比代码层次更高、更抽象，则更容易维护。这些注释并不反映代码的细节，因此不会受到代码微小变化的影响；只有整体行为的变化才会影响这些注释。当然，正如第 13 章所讨论的，有些注释确实需要详细和精确。但一般来说，最有用的注释（它们不会简单地重复代码）也最容易维护。

第 17 章　一致性

一致性是降低系统复杂性并使其行为更加明显的有力工具。如果一个系统具有一致性，就意味着相似的事情以相似的方式完成，而不同的事情则以不同的方式完成。一致性创造了认知杠杆：一旦你了解了一个地方是如何实现某件事情的，你就可以利用这些知识立即理解其他使用相同方法的地方。如果一个系统没有以一致的方式实现，开发者就必须分别了解每种情况。这将花费更多的时间。

一致性可减少错误。如果系统不一致，两种情况可能看起来相同，实际上却不同。开发者可能会看到一个熟悉的模式，并根据以前遇到过的模式做出错误的假设。如果系统是一致的，那么根据熟悉的情况做出的假设就会是安全的。一致性可以让开发者更快地完成工作，减少错误。

17.1　一致性的例子

一致性可应用于系统的多个层面，下面是 5 个例子。

名称。第 14 章已经讨论了以一致的方式使用名称的好处。

编码风格。如今，开发组织通常会制定编码风格指南，对程序结构进行限制，而不局限于编译器强制执行的规则。编码风格指南涉及一系列问题，如缩进、大括号位置、声明顺序、命名、注释及限制被认为危险的语言特性。编码风格指南使代码更易于阅读，并能减少某些类型的错误。

接口。具有多个实现的接口是一致性的另一个例子。一旦你理解了接口的一种实现，其他任何实现都会变得更容易理解，因为你已经知道了它必须提供的特性。

设计模式。设计模式是某些常见问题的公认解决方案，例如用户界面设计中的模型—视图—控制器（model-view-controller，MVC）方法。如果能使用现有的设计模式来解决问题，那么实现过程会更快、更有可能成功，而且代码对阅读者来说也会更直观。19.5 节将详细讨论设计模式。

不变量。不变量是变量或结构中始终为真的属性。例如，存储文本行的数据结构可能会强制执行一个不变量，即每一行都以换行符结束。不变量减少了代码中必须考虑的特殊情况的数量，使代码行为的推理变得更加容易。

17.2 确保一致性

一致性是很难保持的，尤其是当很多人长期参与一个项目时。一个小组的人可能不知道另一个小组制定的约定。新来的人不了解规则，因此他们会无意中违反约定，并创造出与现有约定相冲突的新约定。以下是一些建立和保持一致性的技巧。

文档。创建一份文档，列出最重要的总体约定，如编码风格指南。将文档放在开发者可能看到的地方，如项目 Wiki 的显眼处。鼓励新加入项目组的人员阅读该文档，并鼓励现有人员每隔一段时间查看一次。网上已经发布了多个不同组织的编码风格指南，可以考虑从其中一个开始。

对于本地化程度较高的约定（如不变量），应在代码中找到合适的位置将其记录下来。如果不把约定写下来，其他人就不太可能遵守。

强制执行。即使有很好的文档，开发者也很难记住所有的约定。强制执行约定的最佳方法是编写一个工具来检查违反约定的情况，并确保代码在通过检查之前不能提交到存储库。自动检查程序对低级语法规范尤其有效。

我最近的一个项目遇到了行结束符的问题。一些开发者在 UNIX 系统上工作，该系统的行结束符是换行符；而另一些开发者在 Windows 系统上工作，该系统的行结束符通常是回车符和换行符。如果一个系统上的开发者对之前在另一个系统上编辑过的文件进行了小幅度的编辑，编辑器有时会将所有行结束符替换为适合该系统的行结束符。这让人觉得文件的每一行都被修改过，很难跟踪有意义的改动。我们制定了文件只应包含换行符的约定，但很难确保每个开发者使用的每个工具都遵守这一约定。每当有新的开发者加入项目，我们就会遇到大量的行结束符问题，而该开发者正在适应这一约定。

我们最终通过编写一个简短的脚本解决了这个问题，该脚本会在将修改提交到源代码库之前自动执行。该脚本会检查所有被修改的文件，如果其中包含回车符，就会中止提交。该脚本也可以手动运行，通过用换行符替换回车 / 换行符序列来修复损坏的文件。这样就能立即消除问题，还能帮助培训新的开发者。

代码评审为执行约定和教育新开发者了解约定提供了另一个机会。代码评审员越是吹毛求疵，团队中的每个人就会越快熟悉这些约定，代码也会越整洁。

入乡随俗。最重要的约定是每个开发者都应遵循"入乡随俗"的古训。在处理一个新文件时，要环顾四周，看看现有代码的结构是怎样的。是否所有的公有变量和方法都在私有变量和方法之前声明？方法是否按字母顺序排列？变量是使用"驼峰大小写"（如 firstServerName）还是"蛇形大小写"（如 first_server_name）？当你看到任何看起来可能是约定的东西时，请遵循它。在做出设计决策时，问问自己在项目的其他地方是否也做出了类似的决策；如果是，找到一个现有的示例，并在新代码中使用相同的方法。

不要改变现有的约定。抵制"改进"现有约定的冲动。有"更好的想法"并不足以成为引入不一致的借口。你的新想法可能确实更好，但一致性比不一致性的价值，几乎总是大于一种方法比另一种方法的价值。在引入不一致的行为之前，先问自己两个问题。首先，你是否有新的重要信息来证明你的方法是正确的，而这些信息在旧约定确立时是没有的？其次，新方法是否好得多，以至于值得花时间更新所有旧方法？如果你的组织认为这两个问题的答案都是"是"，那么就继续进行升级。升级完成后，旧的约定就不复存在了。但是，你仍然面临着其他开发者不知道新约定的风险，因此他们可能会在将来重新采用旧方法。总之，重新考虑已确立的约定几乎总是会耽误开发者的时间。

17.3　过犹不及

一致性不仅意味着相似的事情应以相似的方式完成，而且意味着不同的事情应以不同的方式完成。如果对一致性过于热衷，并试图将不同的事情强加到相同的方法中，例如将相同的变量名用于实际上不同的事情，或者将现有的设计模式用于不符合该模式的任务，那么就会造成复杂性和混乱。只有当开发者确信"如果它看起来像 x，它就真的是 x"时，一致性才会带来好处。

17.4　结论

一致性是投资心态的另一个例子。要确保一致性，需要付出一些额外的努力：努力确定约定，努力创建自动检查器，努力寻找类似的情况并在新代码中进行模仿，同时在代码评审中对团队进行教育。这项投资的回报是，你的代码将更加清晰明了。开发者将能更快、更准确地理解代码的行为，这将使他们的工作速度更快，缺陷更少。

第18章　代码应显而易见

模糊性（obscurity）是 2.3 节中描述的导致复杂性的两个主要原因之一。当系统的重要信息对于新开发者来说并不显而易见时，就会出现代码的模糊性问题。解决模糊性问题的方法是在编写代码时让它显而易见。本章将讨论影响代码显而易见的一些因素。

如果代码是显而易见的，就意味着代码阅读者可以不假思索地快速阅读代码，而且他们对代码行为或含义的第一猜测将是正确的。如果代码是显而易见的，代码阅读者就不需要花费太多时间或精力来收集处理代码所需的所有信息。如果代码不显而易见，那么代码阅读者就必须花费大量的时间和精力去理解它。这不仅会降低他们的效率，还会增加误解和缺陷的可能性。与不显而易见的代码相比，显而易见的代码需要的注释更少。

"显而易见"是由代码阅读者来判断的：发现别人的代码不显而易见，比发现自己的代码有问题要容易得多。因此，确定代码是否显而易见的最佳方法是进行代码评审。如果有人在阅读你的代码时说它不显而易见，那么它就是不显而易见的，无论在你看来它是多么清晰。通过尝试了解什么导致代码不显而易见，你将学会如何写出更好的代码。

18.1　让代码更显而易见

前几章已经讨论了使代码更显而易见的两个最重要的技巧。第一个技巧是选择好的名称（参见第 14 章）。精确而有意义的名称可以明确代码的行为，减少对文档的需求。如果名称含糊不清或模棱两可，代码阅读者就必须通读代码才能推断出命名实体的含义；这既费时又容易出错。第二个技巧是一致性（参见第 17 章）。如果类似的事情总是以类似的方式进行，那么代码阅读者就能识别出他们以前见过的模式，并立即得出（安全的）结论，而无须详细分析代码。下面是其他一些让代码更显而易见的通用技术。

合理使用留白。代码的格式会影响代码的易懂程度。请看下面的参数文档，其中的留白被挤掉了：

```
/**
 * ...
 * @param numThreads The number of threads that this manager should
 * spin up in order to manage ongoing connections. The MessageManager
 * spins up at least one thread for every open connection, so this
 * should be at least equal to the number of connections you expect
 * to be open at once. This should be a multiple of that number if
 * you expect to send a lot of messages in a short amount of time.
 * @param handler Used as a callback in order to handle incoming
 * messages on this MessageManager's open connections. See
 * {@code MessageHandler} and {@code handleMessage} for details.
 */
```

很难看出一个参数的文档在哪里结束，下一个参数的文档在哪里开始。甚至不知道有多少个参数，也不知道它们的名称是什么。如果增加

一点留白，结构就会突然变得清晰，文档也更容易阅读：

```
/**
 * @param numThreads
 *      The number of threads that this manager should spin up in
 *      order to manage ongoing connections. The MessageManager spins
 *      up at least one thread for every open connection, so this
 *      should be at least equal to the number of connections you
 *      expect to be open at once. This should be a multiple of that
 *      number if you expect to send a lot of messages in a short
 *      amount of time.
 * @param handler
 *      Used as a callback in order to handle incoming messages on
 *      this MessageManager's open connections. See
 *      {@code MessageHandler} and {@code handleMessage} for details.
 */
```

空白行对于分隔方法中的主要代码块也很有用，例如下面的示例：

```
void* Buffer::allocAux(size_t numBytes)
{
    // Round up the length to a multiple of 8 bytes, to ensure alignment.
    uint32_t numBytes32 = (downCast<uint32_t>(numBytes) + 7) & ~0x7;
    assert(numBytes32 != 0);

    // If there is enough memory at firstAvailable, use that. Work down
    // from the top, because this memory is guaranteed to be aligned
    // (memory at the bottom may have been used for variable-size chunks).
    if (availableLength >= numBytes32) {
        availableLength -= numBytes32;
        return firstAvailable + availableLength;
    }
    // Next, see if there is extra space at the end of the last chunk.
```

```
    if (extraAppendBytes >= numBytes32) {
        extraAppendBytes -= numBytes32;
        return lastChunk->data + lastChunk->length + extraAppendBytes;
    }

    // Must create a new space allocation; allocate space within it.
    uint32_t allocatedLength;
    firstAvailable = getNewAllocation(numBytes32, &allocatedLength);
    availableLength = allocatedLength - numBytes32;
    return firstAvailable + availableLength;
}
```

如果每个空白行后的第一行是描述下一个代码块的注释，这种方法就特别有效——空白行使注释更加显而易见。

语句中的空白有助于厘清语句的结构。比较下面两条语句，其中一条有空白，另一条没有：

```
for(int pass=1;pass>=0&&!empty;pass--) {
```

```
for (int pass = 1; pass >= 0 && !empty; pass--) {
```

合理使用注释。有时无法让代码显而易见。在这种情况下，使用注释来弥补缺失的信息就显得尤为重要。要做好这一点，你必须设身处地地为代码阅读者着想，弄清楚哪些信息可能会让代码阅读者感到困惑，哪些信息可以消除他们的困惑。18.2 节将举例说明。

18.2　让代码不显而易见的因素

有很多东西可以让代码变得不显而易见。本节提供了几个例子，其中一些（如事件驱动编程）在某些情况下非常有用，因此你可能最终还是会使用它们。在这种情况下，额外的文档可以帮助代码阅读者减少困惑。

事件驱动编程。在事件驱动编程中，应用程序对外部事件（如网络数据包的到达或鼠标按钮的按下等）做出响应。一个模块负责报告接收到的事件。应用程序的其他部分要求事件模块在事件发生时调用给定的函数或方法，从而注册对某些事件的兴趣。

事件驱动编程很难跟踪控制流。事件处理函数从不被直接调用，而是由事件模块间接调用，通常使用函数指针或接口。即使在事件模块中找到了调用点，也无法知道具体会调用哪个函数：这取决于运行时注册了哪些处理程序。正因为如此，我们很难对事件驱动代码进行推理，也很难让自己相信它是有效的。

为了弥补这种模糊性，可以使用每个处理程序函数的接口级注释来说明它何时被调用，如下例所示：

```
/**
 * This method is invoked in the dispatch thread by a transport if a
 * transport-level error prevents an RPC from completing.
 */
void
Transport::RpcNotifier::failed() {
    ...
}
```

> ⚑ **警示信号：不显而易见的代码**
>
> 如果代码的含义和行为无法通过快速阅读代码来理解，这就是警示信号。这通常意味着有一些重要的信息对于代码阅读者来说并不是一目了然的。

通用容器就是一个典型的代码不显而易见的例子。许多语言都提供了将两个或多个数据项组合成一个对象的通用类，如 Java 中的 Pair 或 C++ 中的 std::pair。这些类很有吸引力，因为它们可以让我们轻松地用一个变量传递多个对象。常见的用途之一就是从一个方法中返回多个值，如下面的 Java 示例：

```
return new Pair<Integer, Boolean>(currentTerm, false);
```

遗憾的是，通用容器会导致代码不显而易见，因为分组元素的通用名称模糊了它们的含义。在上面的示例中，调用者必须用 result.getKey() 和 result.getValue() 引用两个返回值，而这两个值的实际含义并不清楚。

因此，最好不要使用通用容器。如果需要容器，可以定义一个专门用于特定用途的新类或结构。这样就可以为元素使用有意义的名称，还可以在声明中提供额外的文档，而通用容器则无法做到这一点。

这个例子说明了一个一般规则：软件的设计应该便于阅读，而不是便于编写。对于编写代码的人来说，通用容器是一种权宜之计，但却会给后面的所有代码阅读者带来困惑。对于编写代码的人来说，最好多花几分钟来定义一个特定的容器结构，这样编写出来的代码会更显而易见。

声明和分配的类型不同是另一个代码不显而易见的例子。请看下面的 Java 示例：

```
private List<Message> incomingMessageList;
...
incomingMessageList = new ArrayList<Message>();
```

变量被声明为 List，但实际值却是 ArrayList。这段代码是合法的，因为 List 是 ArrayList 的超类，但它会误导只看到声明而未看到实际分配的代码阅读者。实际类型可能会影响变量的使用（ArrayList 与 List 的其他子类具有不同的性能和线程安全属性），因此最好让声明与分配相匹配。

不符合代码阅读者期望的代码也会导致代码不显而易见。请看下面这段代码，它是 Java 应用程序的主程序：

```
public static void main(String[] args) {
    ...
    new RaftClient(myAddress, serverAddresses);
}
```

大多数应用程序都会在主程序返回时退出，因此代码阅读者可能会认为这里也会发生这种情况。但事实并非如此。RaftClient 的构造函数创建了额外的线程，即使应用程序的主线程结束，这些线程也会继续运行。这一行为应在 RaftClient 构造函数的接口级注释中记录，但这一行为并不显而易见，因此也值得在 main 的末尾加上简短的注释。注释应说明应用程序将在其他线程中继续执行。如果代码符合代码阅读者期望的约定，那么它就是最显而易见的；如果不符合，那么记录行为就很重要，这样代码阅读者就不会感到困惑。

18.3　结论

思考显而易见性还可以从信息的角度出发。如果代码不是显而易见的，通常意味着代码中存在代码阅读者不知道的重要信息。在 RaftClient 的例子中，代码阅读者可能不知道 RaftClient 构造函数创建了新的线程；在 Pair 的例子中，代码阅读者可能不知道 result.getKey() 返回的是当前数据项的编号。

要使代码显而易见，必须确保代码阅读者始终掌握理解代码所需的信息。你可以通过 3 种方法做到这一点。首先，最好的方法是使用抽象和消除特例等设计技巧减少所需的信息量。其次，你可以利用代码阅读者在其他情况下已经获得的信息（例如，通过遵循惯例和符合期望），这样代码阅读者就不必为你的代码学习新的信息。最后，你可以使用一些技术（如好的名称和战略性注释等）在代码中向他们展示重要信息。

第19章 软件发展趋势

为了说明本书所讨论的原则，本章将讨论过去几十年来软件开发中流行的几种趋势和模式。对于每一种趋势，我都会描述该趋势与本书中的原则之间的关系，并使用这些原则来评估该趋势是否提供了应对软件复杂性的手段。

19.1 面向对象编程和继承

面向对象编程是近四十年来软件开发领域的重要新思想之一。它引入了类、继承、私有方法和实例变量等概念。如果使用得当，这些机制有助于产生更好的软件设计。例如，私有方法和变量可用于确保信息隐藏：类外的任何代码都不能调用私有方法或访问私有变量，因此它们不可能有任何外部依赖关系。

继承是面向对象编程的关键要素之一。继承有两种形式，对软件的复杂性有不同的影响。第一种继承形式是接口继承，即父类定义一个或多个方法的签名，但不实现这些方法。每个子类都必须实现这些签名，但不同的子类可以用不同的方式实现相同的方法。例如，接口可能定义了执行 I/O 的方法；一个子类可能实现磁盘文件的 I/O 操作，而另一个子类可能实现网络套接字的相同操作。

通过将同一接口用于多种用途，接口继承提供了克服复杂性的手段。它允许将解决一个问题时获得的知识（例如如何使用 I/O 接口读 / 写磁盘文件）用于解决其他问题（例如通过网络套接字进行通信）。另一种思考方式是从深浅的角度：接口的不同实现越多，接口就越深。为了使一个接口有多种实现，它必须抓住所有底层实现方式的基本特性，同时避开不同实现方式之间的细节差异。这一概念是抽象的核心。

第二种继承形式是实现继承。在这种形式中，父类不仅定义了一个或多个方法的签名，还定义了默认实现。子类可以选择继承父类的方法实现，或者通过定义具有相同签名的新方法来覆盖父类的方法实现。如果没有实现继承，同一方法的实现可能需要在多个子类中重复，这将在这些子类之间产生依赖关系（方法的所有副本都需要重复修改）。因此，实现继承减少了系统演进过程中需要修改的代码量；换言之，它减少了第 2 章所描述的变更放大问题。

然而，实现继承会在父类和每个子类之间产生依赖关系。父类中的类实例变量通常会同时被父类和子类访问；这就造成了继承层次结构中类之间的信息泄露，并且使得修改层次结构中的一个类而不查看其他类变得非常困难。例如，对父类进行修改的开发者可能需要检查所有子类，以确保修改不会破坏任何东西。同样，如果子类覆盖了父类中的方法，子类的开发者可能需要检查父类中的实现。在最坏的情况下，程序员需要完全了解父类下的整个类层次结构，才能对任何一个类进行更改。广泛使用实现继承的类层次结构往往具有很高的复杂性。

因此，应谨慎使用实现继承。在使用实现继承之前，应考虑基于组合的方法是否能带来同样的好处。例如，可以使用小型辅助类来实现共享功能。原来的类可以各自利用辅助类的特性，而不是从父类继承功能。

如果没有替代实现继承的其他可行方法，则应尽量将父类管理的状态与子类管理的状态分开。一种方法是，某些实例变量完全由父类中的方法管理，子类只能以只读方式或通过父类中的其他方法使用它们。这就在类的层次结构中应用了信息隐藏的概念，从而减少依赖关系。

虽然面向对象编程所提供的机制可以帮助实现简洁的设计，但它们本身并不能保证良好的设计。例如，如果类是浅的，或者具有复杂的接口，或者允许外部访问其内部状态，那么它们仍然会导致高复杂性。

19.2　敏捷开发

敏捷开发是一种软件开发方法，产生于 20 世纪 90 年代末，是关于如何使软件开发更加轻量级、灵活和增量式的一系列想法的集合。它在 2001 年的一次从业人员会议上被正式定义。敏捷开发主要涉及软件开发过程（组织团队、管理进度表、单元测试的作用、与客户互动等），而非软件设计。不过，它与本书中的一些设计原则有关。

敏捷开发的重要要素之一是开发应该是增量的、迭代的。在敏捷方法中，软件系统是通过一系列迭代开发出来的，每次迭代都会增加和评估一些新特性；每次迭代都包括设计、测试和客户意见。这与本书倡导的增量式方法类似。正如本书第 1 章所述，在项目开始时，我们不可能很好地预见整个复杂的系统，从而确定最佳的设计方案。最终获得最佳设计的最佳方法是以增量的方式开发系统,每个增量增加一些新的抽象概念,并根据经验重构现有的抽象概念。这与敏捷开发方法类似。

敏捷开发的风险之一是可能导致战术性编程。敏捷开发倾向于将开发者的注意力集中在特性上,而不是抽象概念上。它鼓励开发者推迟设计决策,以便尽快开发出可用的软件。例如,一些敏捷实践者认为,不应该立即实现通用机制,而应该先实现最低限度的专用机制,然后在知道需求时再重构为更通用的机制。虽然这些论点在一定程度上是有道理的,但它们与投资方法背道而驰,而且它们鼓励了一种更具战术性的编程风格。这会导致复杂性的快速积累。

增量式开发通常是个好主意,但开发的增量应该是抽象,而非特性。在某个特性需要某个抽象概念之前,暂且不要考虑它。一旦需要抽象,就要花时间将其设计得简洁明了;遵循本书第 6 章的建议,让它具有一定的通用性。

19.3　单元测试

过去,开发者很少编写测试代码。即使编写了测试代码,也是由独立的质量保证团队编写的。然而,敏捷开发的原则之一是测试应与开发紧密结合,程序员应为自己的代码编写测试代码。这种做法现在已经非常普遍。测试通常分为两种:单元测试和系统测试。单元测试是开发者最常编写的测试代码。它们规模小,重点突出:每个测试通常只验证一个方法中的一小段代码。单元测试可以单独运行,无须为系统设置生产环境。单元测试通常与测试代码覆盖率工具一起运行,以确保应用程序中的每一行代码都经过测试。每当开发者编写新代码或修改现有代码时，他们都有责任更新单元测试，以保持适当的测试覆盖率。

第二种测试是系统测试（有时也称为集成测试），用于确保应用程序的各个部分都能正常工作。这些测试通常需要在与生产类似的条件下运行整个应用程序。系统测试更有可能由单独的质量保证或测试团队来完成。

测试，尤其是单元测试，在软件设计中发挥着重要作用，因为它们有助于重构。如果没有测试用例集，对系统进行重大结构修改是很危险的。因为没有简单的方法来发现缺陷，所以缺陷很可能在新代码部署之前都不会被发现，而在部署之后，发现和修复缺陷的成本会更高。因此，开发者会避免在没有良好测试用例集的系统中进行重构。他们会尽量减少每个新特性或缺陷修复的代码更改次数，这意味着复杂性会不断累积，设计错误也得不到纠正。

有了一套好的测试用例集，开发者在重构时就会更有信心，因为测试用例集会发现大多数引入的缺陷。这将鼓励开发者对系统进行结构性改进，从而实现更好的设计。单元测试尤为重要：与系统测试相比，单元测试的代码覆盖率更高，因此更有可能发现缺陷。

例如，在开发 Tcl 脚本语言的过程中，我们决定用字节码编译器取代 Tcl 的解释器，以提高性能。这是一个巨大的变化，几乎影响到 Tcl 核心引擎的每一部分。好在 Tcl 拥有一套出色的单元测试用例集，我们在新的字节码引擎上运行了这套用例集。现有的测试非常有效地发现了新引擎中的缺陷，以至于在字节码编译器的 alpha 版本发布后，只出现了一个缺陷。

19.4　测试驱动开发

测试驱动开发（test driven development，TDD）是一种软件开发方法，程序员在编写代码前要先编写单元测试代码。在创建一个新类时，开发者首先根据该类的预期行为编写单元测试代码。因为该类没有代码，所以所有测试都不会通过。然后，开发者一次通过一个测试，编写足够的代码使测试通过。当所有测试都通过后，类就完成了。

虽然我是单元测试的积极倡导者，但我并不喜欢测试驱动开发。测试驱动开发的问题在于，它将注意力集中在实现专用特性上，而不是寻找最佳设计。这就是纯粹的战术性编程，弊端多多。测试驱动开发过于增量式：在任何时间点上，都很容易为了通过下一个测试而"快糙猛"地实现下一个特性。没有明显的时间来进行设计，因此很容易导致一团糟。

正如本书 19.2 节所述，开发的单元应该是抽象概念，而不是特性。一旦发现需要抽象概念，就不要在一段时间内分块创建抽象概念，而应一次性全部设计出来（或者至少足够提供一套合理全面的核心功能）。这样做更有可能产生一个简洁的设计，各个部分能够很好地结合在一起。

在修复缺陷时，首先编写测试代码是有意义的。在修复缺陷之前，先编写一个因缺陷而失败的单元测试代码。然后修复缺陷，并确保单元测试现在可以通过。这是确保修复缺陷的最佳方法。如果你在编写测试代码之前就修复了缺陷，那么新的单元测试有可能并没有真正触发缺陷，在这种情况下，它就无法告诉你是否真的修复了缺陷。

19.5　设计模式

设计模式是解决某类问题（如迭代器或观察器）的常用方法。设计模式的概念是通过 Gamma、Helm、Johnson 和 Vlissides 合著的《设计模式》一书普及的，现在设计模式已广泛应用于面向对象的软件开发中。

设计模式是设计的一种可选方案：与其从头开始设计一种新的机制，不如直接应用一种众所周知的设计模式。在大多数情况下，这样做是好的：设计模式的出现是因为它们解决了常见的问题，而且人们普遍认为它们提供了简洁的解决方案。如果一种设计模式在特定情况下运行良好，那么你可能很难想出另一种更好的方法。

设计模式的最大风险在于过度应用。并不是每一个问题都能用现有的设计模式简单地解决；如果定制的方法更简洁，就不要强制用设计模式来解决问题。使用设计模式并不会自动改进软件系统，只有在设计模式适合的情况下才会这样做。与软件设计中的许多想法一样，设计模式好并不意味着设计模式越多越好。

19.6　取值方法和设值方法

对于 Java 编程，取值方法和设值方法是一种流行的设计模式。取值方法和设值方法与类的实例变量相关联。它们有 getFoo 和 setFoo 这样的名称，其中 Foo 是变量的名称。取值方法返回变量的当前值，设值方法修改变量值。

严格来说，取值方法和设值方法并不是必须的，因为实例变量可以是公有的。使用取值方法和设值方法的理由是，它们允许在获取和设置的同时执行其他功能，例如在变量发生变化时更新相关值、通知监听者变化情况或对值执行约束。即使最初不需要这些特性，以后也可以在不改变接口的情况下添加。

虽然如果必须暴露实例变量，使用取值方法和设值方法可能是有意义的，但最好一开始就不要暴露实例变量。暴露实例变量意味着类的部分实现可以从外部看到，这违反了信息隐藏的理念，并增加了类接口的复杂性。取值方法和设值方法都是浅方法（通常只有一行），因此它们会让类接口更杂乱，却不会提供太多的功能。最好尽可能避免使用取值方法和设值方法（或者任何暴露的实现数据）。

创建一种设计模式的风险之一是开发者会认为这种模式很好，并试图尽可能多地使用它。这导致了 Java 中取值方法和设值方法的过度使用。

19.7   结论

每当你遇到新的软件开发范式建议时，请从复杂性的角度对其质疑：该建议真的有助于最大限度地降低大型软件系统的复杂性吗？许多建议表面上听起来不错，但如果你深入研究，就会发现其中一些建议会使复杂性变得更糟，而不是更好。

第 20 章　性能设计

到目前为止，关于软件设计的讨论主要集中在复杂性上。我们的目标是使软件尽可能简单易懂。但是，如果你正在设计一个需要快速运行的系统呢？性能因素应该如何影响设计过程？本章将讨论如何在不牺牲简洁设计的前提下实现高性能。最重要的思想仍然是简洁：简洁不仅能改进系统设计，通常还能使系统更快。

20.1　如何考虑性能

首先要解决的问题是："在正常开发过程中，你应该在多大程度上担心性能问题？"如果你试图优化每条语句以达到最快速度，那么就会降低开发速度，并产生大量不必要的复杂性。此外，许多"优化"实际上对性能并无帮助。另一方面，如果完全忽视性能问题，就很容易导致代码中出现大量严重的低效问题，最终系统的运行速度很容易比需要的速度慢 5 ～ 10 倍。在这种问题大量积累的腐化情况下，很难再回来改进性能，因为没有任何一项改进会产生明显的影响。

最好的方法是介于这两个极端之间，利用性能方面的基本知识，选择"自然高效"但又简洁明了的设计方案。关键是要认识到哪些操作从根本上是昂贵的。以下是一些当今相对昂贵的操作示例。

- 网络通信：即使在数据中心内，一次往返信息交换也需要 10 ～ 50 μs，相当于数万条指令的时间。广域网的信息往返则需要 10 ～ 100 ms。

- 二级存储的 I/O：磁盘 I/O 操作通常需要 5 ～ 10 ms，也就是数百万条指令的时间。闪存需要 10 ～ 100 μs。新出现的非易失性存储器可能快至 1 μs，但仍需要约 2000 条指令的时间。

- 动态内存分配（C 语言中的 malloc，C++ 或 Java 中的 new）通常涉及分配、释放和垃圾回收的大量开销。

- 高速缓存未命中：从 DRAM 中获取数据到片上处理器高速缓存需要几百条指令的时间；在许多程序中，高速缓存未命中与计算成本一样决定着整体性能。

了解哪些操作成本较高的最佳方法是运行微基准测试（可单独度量单个操作成本的小程序）。在 RAMCloud 项目中，我们创建了一个简单的程序，为微基准测试提供了一个框架。创建该框架花费了几天时间，但通过该框架，我们可以用 5 ～ 10 min 添加新的微基准测试。这样我们就积累了几十个微基准测试。利用这些微基准测试，我们可以了解 RAMCloud 中使用的现有库的性能，也可以衡量为 RAMCloud 编写的新类的性能。

一旦你对什么昂贵、什么便宜有了大致的了解，就可以利用这些信息尽可能地选择便宜的操作。在很多情况下，更高效的方法和更慢的方法一样简单。例如，在存储需要使用键值查找的大量对象集合时，可以使用哈希表或有序映射。这两种方法在库软件包中都很常见，使用起来也都简单明了。不过，哈希表的速度要快 5 ～ 10 倍。因此，除非需要有序映射提供的排序属性，否则应该使用哈希表。

再举一个例子，在 C 或 C++ 等语言中分配结构数组，有两种方法可以做到这一点。其中一种方法是让数组保存指向结构的指针，在这种情况下，必须首先为数组分配空间，然后为每个结构分配空间。另一种方法是将结构存储在数组中，其效率要高得多，这样只需为所有结构分配一个大块。

如果提高效率的唯一途径会增加复杂性，那么选择起来就比较困难。如果更高效的设计只增加少量复杂性，而且复杂性是隐藏的，不会影响任何接口，那么这种设计可能是值得的（但要注意：复杂性是增量的）。如果更快的设计会增加大量的实现复杂性，或者会导致更复杂的接口，那么最好一开始就采用更简单的方法，在性能出现问题时再进行优化。但是，如果有明确的证据表明性能在特定情况下非常重要，那么不妨立即实现更快的方法。

在 RAMCloud 项目中，我们的总体目标之一是为通过数据中心网络访问存储系统的客户机提供尽可能低的延迟。因此，我们决定使用特殊的网络硬件，让 RAMCloud 绕过内核，直接与网络接口控制器通信以发送和接收数据包。尽管这增加了复杂性，但我们还是做出了这一决定，因为根据之前的度量，我们知道基于内核的网络通信速度太慢，无法满足我们的需求。在 RAMCloud 系统的其他大部分设计中，我们都能做到化繁为简。"正确"解决了这个大问题，其他很多事情都变得简单了。

一般来说，简单的代码往往比复杂的代码运行得更快。如果你已经通过定义让特殊情况和异常不存在，那么就不需要代码来检查这些情

况，系统运行速度也会更快。深类比浅类更有效率，因为每次方法调用
都能完成更多工作。浅类会导致更多的层交叉，而每一层交叉都会增加
开销。

20.2　修改前（后）的度量

尽管你已经按照上述方法进行了设计，但是你的系统仍然太慢。这
很容易让人急于根据自己对慢的直觉来调整性能。千万不要这样做！程
序员对性能的直觉是不可靠的。即使是经验丰富的开发者也是如此。如
果你试图根据直觉进行修改，就会把时间浪费在那些实际上并不能提高
性能的地方，而且在这个过程中，你可能会使系统变得更加复杂。

在进行任何更改之前，先要度量系统的现有行为。这样做有两个目
的。第一个目的是，度量将确定性能调整会产生最大影响的地方。仅仅
度量顶层系统的性能是不够的。这可能会告诉你系统太慢，但不会告诉
你为什么慢。你需要进行更深入的度量，以详细确定影响整体性能的因
素。目标是确定系统目前花费大量时间的少数非常具体的地方，以及你
有改进想法的地方。度量的第二个目的是提供一个基线，这样你就可以
在进行修改后重新度量性能，以确保性能确实得到了提高。如果更改
并没有带来可衡量的性能差异，那么就将其撤销（除非这些更改使系
统变得更简单）。除非能显著提高速度，否则保留因修改而导致的复杂
性毫无意义。

20.3　围绕关键路径进行设计

此时，假设你已经仔细分析了性能，并确定了一段速度缓慢到足以影响系统整体性能的代码。提高其性能的最佳方法是进行"根本性"修改，例如引入缓存或使用不同的算法（如平衡树与列表）。我们在 RAMCloud 中决定绕过内核进行网络通信，就是一个根本性修改的例子。如果你能找到根本性的解决方案，就可以使用前几章讨论的设计技术来实现它。

遗憾的是，有时会出现无法从根本上解决问题的情况。这就引出了本章的核心问题，即如何重新设计一段代码，使其运行得更快。这应该是你最后的手段，而且不应该经常发生，但在某些情况下，它可以带来很大的不同。关键在于围绕关键路径设计代码。

首先要问自己，在一般情况下，完成所需任务必须执行的最小代码量是多少。不考虑任何现有的代码结构。想象一下，你正在编写一个新方法，该方法只实现关键路径，这是在最常见情况下必须执行的最小代码量。当前代码中可能有很多特殊情况，在这个练习中请忽略它们。当前代码可能会在关键路径上通过多个方法调用，想象一下，你可以把所有相关代码都放在一个方法中。当前代码还可能使用各种变量和数据结构。只考虑关键路径所需的数据，并假设任何数据结构对关键路径都是最方便的。例如，将多个变量合并为一个值可能是合理的。假设你可以完全重新设计系统，以尽量减少关键路径必须执行的代码。我们把这段代码称为"理想代码"。

理想代码可能会与现有的类结构相冲突，也可能并不实用，但它提供了一个很好的目标：这代表了最简单、最快速的代码。下一步是寻找一种新的设计，既要尽可能接近理想状态，又要有简洁的结构。你可以应用本书前几章中的所有设计思想，但要额外注意保持理想代码（大部分）的完整性。为了实现简洁的抽象，你可能需要在理想代码中添加一些额外的代码。例如，如果代码涉及哈希表查找，那么向通用哈希表类引入一个额外的方法调用也是可以的。根据我的经验，几乎总能找到一种既简洁又非常接近理想的设计。

在这个过程中，重要的事情之一就是将特殊情况从关键路径中移除。当代码运行缓慢时，通常是因为它必须处理各种情况，而代码的结构简化了对所有不同情况的处理。每种特殊情况都会以额外的条件语句和 / 或方法调用的形式，在关键路径上增加一些代码。每增加一种情况，代码的运行速度就会降低一点。为提高性能而重新设计时，应尽量减少必须检查的特殊情况的数量。理想情况下，代码开头只有一个 if 语句，只需一次测试就能检测出所有特殊情况。在正常情况下，只需进行这一个测试，之后就可以执行关键路径，而无须对特殊情况进行额外的测试。如果初始测试失败（这意味着发生了特例），代码可以分支到关键路径之外的其他地方进行处理。对于特殊情况来说，性能并不那么重要，因此你可以针对简单而不是性能来构造特殊情况代码。

20.4　示例：RAMCloud 的 Buffer 类

让我们来看一个例子。在这个例子中，对 RAMCloud 存储系统的 Buffer 类进行了优化，使最常见的操作速度提高了约 1 倍。

RAMCloud 使用 Buffer 对象来管理可变长度的内存数组，例如远程过程调用的请求和响应消息。设计 Buffer 的目的是减少内存复制和动态存储分配带来的开销。Buffer 存储看似字节的线性数组，但为了提高效率，它允许将底层存储划分为多个不连续的内存块，如图 20.1 所示。Buffer 是通过追加数据块创建的。每个数据块要么是外部的，要么是内部的。如果是外部块，其存储空间归调用者所有，Buffer 保留对该存储空间的引用。外部数据块通常用于大数据块，以避免内存复制操作。如果是内部块，Buffer 拥有该块的存储空间，调用者提供的数据会被复制到 Buffer 的内部存储空间。

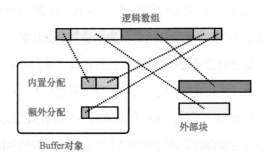

图 20.1　Buffer 对象使用内存块集合来存储看似字节的线性数组。内部块为 Buffer 所有，并在 Buffer 被销毁时释放；外部块不为 Buffer 所有

每个 Buffer 都包含一个小的内置分配，这是一个可用于存储内部块的内存块。如果这个空间用完了，Buffer 就会创建额外的分配，这些分配必须在 Buffer 被销毁时释放。内部块对于小块来说很方便，复制内存的成本可以忽略不计。图 20.1 展示了一个有 5 个块的 Buffer：第一个块是内部块，接下来的两个块是外部块，最后两个块是内部块。

Buffer 类本身就是一种"根本性修复"，因为它消除了没有 Buffer

类时所需的昂贵内存副本。例如，在 RAMCloud 存储系统中组装包含简短标题和大型对象内容的响应消息时，RAMCloud 会使用包含两个块的 Buffer。第一个块是内部块，包含标题；第二个块是外部块，指向 RAMCloud 存储系统中的对象内容。响应可以在 Buffer 中收集，而无须复制大型对象。

除了允许使用不连续块这一基本方法，我们在最初的实现中并未尝试优化 Buffer 类的代码。但随着时间的推移，我们注意到 Buffer 被用于越来越多的情况。例如，在执行每个远程过程调用时，至少要创建 4 个 Buffer 对象。最终，我们发现加快 Buffer 的实现速度会对系统的整体性能产生明显的影响。我们决定看看能否提高 Buffer 类的性能。

Buffer 最常见的操作是使用内部块为少量新数据分配空间。例如，在为请求和响应信息创建标题时就会发生这种情况。我们决定将这一操作作为优化的关键路径。在最简单的情况下，可以通过扩大 Buffer 中现有的最后一个块来分配空间。不过，这只有在最后一个现有数据块是内部数据，并且其分配空间足以容纳新数据的情况下才有可能。理想的代码只需执行一次检查，确认简单的方法可行，然后就会调整现有数据块的大小。

图 20.2 展示了关键路径的初始代码。它从 Buffer::alloc 方法开始，在最快的情况下，Buffer::alloc 调用 Buffer::allocateAppend，后者又调用 Buffer::Allocation::allocateAppend。从性能角度看，这段代码有两个问题。第一个问题是需要单独检查多个特殊情况，有时还要重复检查。首先，Buffer::allocateAppend 会检查 Buffer 当前是否有任何分配。然后，代码会两次检查当前分配是否有足够空间来容纳新数据：一次是在 Buffer::Allocation::allocateAppend 中，另一次是在 Buffer::allocateAppend

测试其返回值时。此外，代码不会直接扩展最后一个数据块，而是在不考虑最后一个数据块的情况下分配新空间。然后，Buffer::alloc 会检查所分配的空间是否刚好与最后一个数据块相邻，在这种情况下，它会将新空间与现有数据块合并。这将导致额外的检查。总的来说，这段代码在关键路径上测试了 6 个不同的条件。

初始代码的第二个问题是层数太多，而且都很浅。这既是性能问题，也是设计问题。除了最初调用 Buffer::alloc，关键路径还额外调用了两个方法。每个方法调用都需要额外的时间，其中一个方法的调用结果必须由调用者检查，这就产生了另一个需要考虑的特殊情况。第 7 章讨论了抽象通常如何在从一层传递到另一层时发生变化，但图 20.2 中的所有 3 个方法都有相同的签名，而且它们提供的抽象基本相同。这是一个警示信号。Buffer::allocateAppend 几乎是一个直通方法，它的唯一贡献是在需要时创建一个新的分配。额外的层使代码变得更慢、更复杂。

为了解决这些问题，我们对 Buffer 类进行了重构，使其设计专注于性能最为关键的路径。我们不仅考虑了上述分配代码，还考虑了其他几个常用的执行路径，例如检索 Buffer 中当前存储的数据字节总数。对于每个关键路径，我们都试图找出在常见情况下必须执行的最小代码量。然后，我们围绕这些关键路径设计类的其余部分。我们还应用了本书中介绍的设计原则来简化整个类。例如，我们去掉了一些浅层，创建了更深的内部抽象，并减少了需要检查的特殊情况的数量。重构后的类比初始版本减少了 20%（代码行数为 1476 行，而初始版本为 1886 行）。

```
char* Buffer::alloc(int numBytes)
{
    char* data = allocateAppend(numBytes);
    Buffer::Chunk* lastChunk = this->chunksTail;
    if ((lastChunk != NULL && lastChunk->isInternal()) &&
            (data - lastChunk->length == lastChunk->data)) {
        // Fast path: grow the existing Chunk.
        lastChunk->length += numBytes;
        this->totalLength += numBytes;
    } else {
        // Creates a new Chunk out of the allocated data.
        append(data, numBytes);
    }
    return data;
}

// Allocates new space at the end of the Buffer; uses space at the end
// of the last current allocation, if possible; otherwise creates a
// new allocation. Returns a pointer to the new space.
char* Buffer::allocateAppend(int size) {
    void* data;
    if (this->allocations != NULL) {
        data = this->allocations->allocateAppend(size);
        if (data != NULL) {
            // Fast path
            return data;
        }
    }
    data = newAllocation(0, size)->allocateAppend(size);
    assert(data != NULL);
    return data;
}

// Tries to allocate space at the end of an existing allocation. Returns
// a pointer to the new space, or NULL if not enough room.
```

图 20.2　使用内部块在 Buffer 末尾分配新空间的初始代码

```
char* Buffer::Allocation::allocateAppend(int size) {
    if ((this->chunkTop - this->appendTop) < size)
        return NULL;
    char *retVal = &data[this->appendTop];
    this->appendTop += size;
    return retVal;
}
```

图 20.2 使用内部块在 Buffer 末尾分配新空间的初始代码（续）

图 20.3 展示了在 Buffer 中分配内部空间的新关键路径。新代码不仅速度更快，而且更易于阅读，因为它避免了浅抽象。整个路径由一个方法处理，并使用一个测试来排除所有特殊情况。新代码引入了一个新的实例变量 availableAppendBytes，以简化关键路径。该变量将跟踪紧接 Buffer 中最后一个数据块之后还有多少未使用的空间。如果没有可用空间，或者 Buffer 中的最后一个数据块不是内部数据块，或者 Buffer 中根本不包含数据块，那么 availableAppendBytes 为零；只需判断 availableAppendBytes，就能同时检查 3 种不同的特殊情况。图 20.3 中的代码是处理空间可用这种常见情况的最少代码量。

```
char* Buffer::alloc(int numBytes)
    if (this->availableAppendBytes >= numBytes) {
        // There is extra space just after the current
        // last chunk, so we can allocate the new
        // region there.
        Buffer::Chunk* chunk = this->lastChunk;
        char* result = chunk->data + chunk->length;
        chunk->length += numBytes;
        this->availableAppendBytes -= numBytes;
```

图 20.3 在 Buffer 内部块中分配新空间的新代码

```
        this->totalLength += numBytes;
        return result;
    }


    // We're going to have to create a new chunk.
    ...
}
```

图20.3　在Buffer内部块中分配新空间的新代码（续）

注意：原本可以通过在需要时从各个块重新计算 Buffer 的总长度来消除对 totalLength 的更新。但是，对于有很多块的大型 Buffer 来说，这种方法成本很高，而且获取 Buffer 总长度也是另一种常见操作。因此，我们选择在 alloc 中增加少量额外开销，以确保 Buffer 长度总是立即可用。

新代码的运行速度是旧代码的 2 倍：使用内部存储向 Buffer 追加一个 1 字节字符串的总时间从 8.8 ns 降至 4.75 ns。许多其他 Buffer 操作也因新版本而加快。例如，构建一个新的 Buffer，在内部存储区追加一小块内容，并销毁该 Buffer 的时间，从 24 ns 缩短到 12 ns。

20.5　结论

本章最重要的经验是，简洁的设计与高性能是兼容的。Buffer 类重写后，性能提高了 1 倍，同时简化了设计，代码量减少了 20%。复杂的代码往往很慢，因为它做了无关或多余的工作。另一方面，如果你编写的代码简洁明了，你的系统可能会足够快，因此你不必担心性能问题。在少数需要优化性能的情况下，关键还是要简单：找到对性能最重要的关键路径，并使其尽可能简单。

第 21 章　确定什么是重要的

优秀软件设计的重要要素之一就是将重要的与不重要的区分开来。围绕重要的事情构建软件系统。对于不那么重要的东西，尽量减少其对系统其他部分的影响。重要的东西应该得到强调，并使其更加明显；不重要的东西应该尽可能隐藏起来。

前几章中的许多观点，其核心都是将重要的东西和不重要的东西区分开来。例如，我们在设计抽象时就是这样做的。模块的接口反映了对模块用户来说重要的东西；对模块用户来说不重要的东西应该隐藏在实现中，因为在实现中它们不那么明显。在选择变量名时，我们的目标是选择几个能传达变量最多信息的词，并在名称中使用这些词。这些词是变量最重要的方面。在 20.4 节的例子中，这意味着要找到一种设计，在性能关键路径上尽可能少地调用方法和进行特殊情况检查，同时要干净、简单和显而易见。

21.1　如何确定什么是重要的?

有时，重要的东西是作为外部约束强加给系统的，如 20.4 节中的性能。更常见的情况是由设计者来确定什么重要。即使有外部约束，设计者也必须找出在实现这些约束时什么最重要。

要确定什么是重要的，就要寻找"杠杆"，即一个问题的解决也能使许多其他问题得到解决，或者知道一个信息就能使许多其他事情变得容易理解。例如，在 6.2 节关于如何存储文本的讨论中，插入和删除字符范围的通用接口可用于解决许多问题，而退格等专用方法只能解决一个问题。通用接口提供了更多的优势。在文本类接口的层面上，调用该接口是不是为了响应退格键，这并不重要；真正重要的是需要删除文本。不变量是杠杆的另一个例子：一旦知道变量或结构的不变量，就可以预测该变量或结构在许多不同情况下的行为。

如果有多个选项可供选择，就更容易确定什么是最重要的。例如，在选择变量名时，先在脑海中列出与该变量相关的词语，然后从中选出几个能传达最多信息的词语。用这些词组成变量名。这就是"设计两次"原则的一个例子。

有时，哪些事情最重要可能并不明显，这对于没有太多经验的年轻开发者来说尤其困难。在这种情况下，我建议提出一个假设："我认为这是最重要的。"然后坚持这个假设，在这个假设的基础上构建系统，看看效果如何。如果你的假设是正确的，想想为什么它最终是正确的，以及有哪些线索可供你在未来使用。如果你的假设是错误的，那也没关系：想想为什么它最终是错误的，以及是否有一些线索可以让你避免这种选择。无论如何，你都会从中吸取经验教训，逐渐做出更好的选择。

21.2　尽量减少重要的东西

尽量减少重要的东西：这会让系统更简单。例如，尽量减少构建对象时必须指定的参数数量，或提供反映最常见用法的默认值。对于确实重要的信息，应尽量减少其重要位置的数量。隐藏在模块中的信息对模块外的代码来说并不重要。如果一个异常完全可以在系统的底层处理，那么它对系统的其他部分就无关紧要。如果配置参数可以根据系统行为自动计算（而不是让管理员手动选择），那么它对管理员来说就不再重要。

21.3　如何强调重要的东西

一旦确定了重要的东西，就应在设计中加以强调。强调的方法之一是突出：重要的东西应出现在更容易被看到的地方，如接口文档、名称或常用方法的参数。另一种强调方法是重复：关键概念应该反复出现。第三种强调方法是中心性。最重要的东西应该处于系统的核心位置，它们决定着周围东西的结构。操作系统中设备驱动程序的接口就是一个例子；这是一个中心概念，因为成百上千的驱动程序都依赖于它。

当然，反之亦然：如果一个概念更容易被人看到，或者反复出现，或者对系统的结构产生重大影响，那么这个概念就很重要。

同样，不重要的东西也不应该被强调。它们应该尽可能隐藏起来，不应该经常出现，也不应该影响系统结构。

21.4　错误

在确定哪些东西重要时，你可能会犯两种错误。第一种错误是把太多的东西当作重要的。一旦出现这种情况，不重要的东西就会使设计变得杂乱无章，增加复杂性和认知负担。其中一个例子就是带有与大多数调用者无关的参数的方法。另一个例子是 4.7 节讨论的 Java I/O 接口：它迫使开发者意识到缓冲 I/O 和非缓冲 I/O 之间的区别，尽管这种区别几乎从来都不重要（开发者几乎总是需要缓冲，而不想浪费时间明确要求缓冲）。浅类往往是把太多东西当作重要东西的结果。

第二种错误是没有认识到某些东西的重要性。这种错误会导致重要信息被隐藏，或重要功能不可用，因此开发者必须不断重新创建。这种错误会影响开发者的工作效率，并导致不知道未知。

21.5　更广泛的思考

除了软件设计，专注于最重要的东西这一理念也适用于其他领域。它在技术写作中也很重要：使文档易于阅读的最佳方法是在开头确定几个关键概念，并围绕这些概念构建文档的其余部分。在讨论系统细节时，将它们与整体概念联系起来会更有帮助。

专注于重要的东西也是一种很好的人生哲学：确定几件对你来说最重要的东西，并尽量把精力花在这些东西上。不要把所有时间都浪费在你认为不重要或没有意义的东西上。

"品味"（good taste）一词描述的是区分重要与不重要东西的能力。拥有好品味是成为一名优秀软件设计师的重要因素。

第 22 章　结论

本书只讲一件事：复杂性。处理复杂性是软件设计中最重要的挑战。正是复杂性导致系统难以构建和维护，也常常导致系统运行缓慢。在本书中，我试图描述导致复杂性的根本原因，如依赖关系和模糊性。我还讨论了一些"警示信号"，可以帮助你识别不必要的复杂性，如信息泄露、不需要的错误条件或过于通用的名称。我还介绍了一些可以用来创建更简单软件系统的一般思想，如努力创建深类和通用类，定义错误不存在，以及将接口文档与实现文档分开。最后，我还讨论了得到简单设计所需的投资心态。

所有这些建议的缺点是，它们会在项目的早期阶段带来额外的工作。此外，如果你不习惯思考设计问题，那么在你学习良好的设计技巧时，你的速度会更慢。如果对你来说唯一重要的事情就是尽快让当前的代码正常工作，那么思考设计问题似乎是一项苦差事，妨碍你实现真正的目标。

另一方面，如果良好的设计对你来说是一个重要的目标，那么本书中的想法应该会让编程变得更有趣。设计是一个引人入胜的难题：如何用最简单的结构解决特定的问题？探索不同的方法是一件有趣的事情，而发现一个既简单又强大的解决方案更是一种美妙的感觉。简洁明了的设计是一种美。

此外，你在良好设计方面的投资将很快得到回报。不断复用在项目初期精心定义的模块将为你节省时间。当你重新拿起代码并添加新特性时，6 个月前编写的清晰文档将为你节省时间。你花在磨练设计技能上的时间也会得到回报：随着技能和经验的增长，你会发现自己可以越来越快地做出好的设计。只要掌握了方法，好的设计其实并不比"快糙猛"的设计花费更多时间。

成为一名优秀设计师的回报是，你可以把更多的时间花在设计阶段，这很有趣。差的设计师则会把大部分时间花在追踪复杂、脆弱代码的错误上。如果你能提高自己的设计技能，不仅能更快地开发出更高质量的软件，而且软件开发过程也会更有趣。

设计原则总结

以下是本书讨论的重要的软件设计原则。

1）复杂性是增量的：你必须在细枝末节上下功夫（见 2.4 节）。

2）能工作的代码是不够的（见 3.2 节）。

3）不断进行小额投资，改进系统设计（见 3.3 节）。

4）模块应该是深的（见 4.4 节）。

5）接口的设计应使常见情况尽可能简单（见 4.7 节）。

6）模块的简单接口比简单实现更重要（见第 8 章和 9.7 节）。

7）通用模块更深（见第 6 章）。

8）将通用代码和专用代码分开（见 6.6 节和 9.4 节）。

9）不同层应有不同的抽象（见第 7 章）。

10）降低复杂性（见第 8 章）。

11）定义错误不存在（见 10.3 节）。

12）设计两次（见第 11 章）。

13）注释应描述代码中不显而易见的内容（见第 13 章）。

14）软件的设计应该便于阅读，而不是便于编写（见 18.2 节）。

15）软件开发的增量应该是抽象概念，而非特性（见 19.2 节）。

16）把重要的东西和不重要的东西分开，强调重要的东西（见第 21 章）。

警示信号总结

以下是本书讨论的一些重要的警示信号。系统中出现任何这类表现，都表明系统设计存在问题。

浅模块：类或方法的接口并不比其实现简单多少（见 4.5 节和 13.5 节）。

过度暴露：应用程序接口迫使调用者了解很少使用的特性，仅仅为了使用常用特性（见 5.1 节）。

信息泄露：一个设计决策反映在多个模块中（见 5.2 节）。

时序分解：代码结构基于操作的执行顺序，而非信息隐藏（见 5.3 节）。

直通方法：一个方法除了将其参数传递给另一个具有类似签名的方法，几乎什么也不做（见 7.1 节）。

重复：不重要的代码片段重复出现（见 9.3 节）。

专用－通用混合：专用代码与通用代码没有明确区分（见 9.4 节）。

连体方法：两个方法有很多依赖关系，如果不理解其中一个方法的实现，就很难理解另一个方法的实现（见 9.7 节）。

注释重复了代码：注释中的所有信息在注释旁边的代码中立即就能看出来（见 13.2 节）。

实现文档污染了接口：接口注释描述了用户不需要的实现细节（见 13.5 节）。

含糊的名称：变量或方法的名称过于不精确，无法传达太多有用信息（见 14.3 节）。

难以取名：很难为一个实体取一个精确而直观的名字（见 14.3 节）。

难以描述：为了完整，变量或方法的文档必须很长（见 15.3 节）。

不显而易见的代码：代码的行为或含义不容易理解（见 18.2 节）。